フィールド科学の入口

イネの歴史を探る

佐藤洋一郎・赤坂憲雄 編

玉川大学出版部

イネの歴史を探る

目次

Ⅰ部●対談

野生イネとの邂逅

佐藤洋一郎×赤坂憲雄

赤坂　今回は「フィールド科学の入口・イネの歴史を探る」のインタビューです。さまざまな分野・領域の専門のかたたちに、「フィールドワークをどのようにおこなっているのか」「どういう作法があるのか」「どのように人の話を聞いているのか」といったことを問いかけていきます。たぶん、専門分野ごとに共通する部分はあるとしても、まったくちがうところがあるだろうと想像しています。「イネの歴史」というテーマひとつとっても、農学と考古学と文化人類学、また民俗学ではまったくちがうのではないか――。それが、今回の対談のなかで明らかにしていきたいことでもあります。いわば、「フィールドワークから見える新しい〝知の地平〟とはなにか?」といった切り口から、お話をうかがいたいと思います。

佐藤　それぞれの分野によって、フィールドワークはちがうでしょうね。

タイの野生イネに出会う

赤坂　佐藤さんのはじめてのフィールドワークって、どこで、どういう感じだったのでしょうか。よく覚えていらっしゃるでしょう?

佐藤　ぼくは、タイです。最初のフィールドワークは、よく覚えていますよ。

赤坂　おいくつのときですか?

佐藤　ちょうど三〇歳のとき、一九八三年でしたね。当時、ぼくは国立遺伝学研究所にいたんですが、そこのボス（森島啓子《ひろこ》さん、二〇一一年没）が「野生イネを調査したい」っていいだしまして、**科研費**を申請したらとおったんです。そこで「タイに行きましょう」となり、つれていってもらったんです。

赤坂　もうすこし、くわしく教えてください。それは、どういう調査でしたか？

佐藤　野生イネっていうのは、イネの原種なんですね。

赤坂　知ってます。ぼくは、佐藤さんにつれていってもらいましたからね。あれは感動しました。

佐藤　道路ぎわの溝なんかにさりげなく自生していて、穂など、ぱっと見たらイネだけど、だれかがタネを播《ま》いたわけでもなく、だれも収穫しない。だけど、じつはそれが、イネの原種なわけです。

いまでもそうだけど、ぼくがフィールドをはじめた当時は、野生イネがどんな暮らしをしているのか、よくはわからなかったし、人間との関わりがどうなのかということも、わかっていなかった。そのころはまだ、「イネがどこからきたのか」という議論にも決着がついていなかったんです。そういうこともあって、「じゃあ、一度イネの原種をちゃんと調べようじゃないか」という話になった。それで、いちばん調査しやすいフィールドはタイだからということで、まずバンコクに行ったんです。参加したメンバーはイネの遺伝学の人たちだけだったのですが、そのなかのもっとも若いメンバーとして、ぼくも加えてもらいました。それが最初でした。

赤坂　そのとき、佐藤さんの専門は農学でしたか？

科研費
科学研究費補助金。国が研究者に出す研究資金のひとつ。申請に応じて専門家による審査を経たのちに提供されるが、採択率は四分の一から五分の一程度。

佐藤　ぼくね、「なにが専門？」って聞かれるのがいちばんイヤな質問でしてね（笑）。そのときは植物遺伝学。当時は〝正しい遺伝学者〟でした。
赤坂　正統派の学者だったんですね。そこから道をふみはずす話を聞かせてください（笑）。
佐藤　そうです。ここから道をふみはずす。
赤坂　もうすこし聞かせてください。そこで野生イネに出会うんですね。ぼくもつれていっていただいて、野生イネに出会いましたから、その感動はすこしだけわかります。野生イネって、なんかすごくいいじゃないですか。「どんなものかな？」と思っていたら、つれていかれたのが車も通る道路わきで、佐藤さんはほこりまみれの草むらを指さして、「これが野生イネだ」って得意そうにいわれましたね。「ちょっと待って。これのどこが野生イネなんですか？」
つまり、野生イネっていえばイネの原種であり、ルーツであって、ぼくはかっこいいイメージをもっていたわけです。ところが、実際のフィールドにあった原種はほこりまみれで、どう見ても、ぼくが子どものころにひっこ抜いてあそんだ草でしかない。その落差が、すごく感動的でした。
佐藤　なるほど。ぼくも八三年のときはじめて、現地に生えている野生イネを見たわけですよ。そのときは、感動というより……。
車に乗って調査しているとき、先輩たちがときどき車をとめるわけです。「野生イネがあった」といって車をとめる。でも、ぼくにはどれがイネだかわからなかった。なんで車がとまったのか、わからない。先輩が、「これがイネじゃん」って指さしますが、「え、どれですか？」って感じで、さんざんばかにされましたね。

ぼくは、秋になれば穂が重くたれさがるのがイネだと思っていたんですけど、実際の野生イネは、背が低くて、穂が天を向いてまっすぐピンと立っているではないですか！イネというには、いかにも貧相ですし……。

赤坂　そう、貧相。貧乏草みたいな。

写真1　野生イネの穂　1タイ・アユタヤで　2中国・江西省で　3タイで　4実験用の温室のなかで　5カンボジア・プノンペンで

佐藤　そう、そう。そして、籾《もみ》の先端についているノゲだけは、やたらとシャープにぴんぴんと立ってる。

赤坂　なにが野生なのか。あと、ノゲとか脱粒性がすくないっていう説明をいただきましたけど、どういうことですか？

佐藤　ノゲというのは、籾殻《もみがら》の先端のとげ状の器官のことです。いまの日本のコメにはほとんどなくなっているけれども、野生イネには、どうもこのノゲが必要らしい。どうして必要なのかはわかりませんが。

いろんな人が、いろんなことをいっています。いちばんもっともらしくて、でもほんとかなあと思うのは、「籾が落ちるときには、籾のほうが重いからタネを下にして落ちる。籾の先っぽにノゲがついているので、泥の水上に落ちたとき、風が吹くとノゲがゆらゆらと動いて、地面の下にもぐっていく」という説明です。

赤坂　いいじゃないですか。

佐藤　そうですか？　その説明を聞くとみんな信じるわけですが、証拠なんかどこにもないし、ほんとうのところはわかりませんよ。

赤坂　人間の側からするとね、ぼくには、あのとげには「むやみに、容易に、それをとってはいけない」という〝防御〟的なイメージがあるんです。そうではないですか？

佐藤　それは、きっとあるでしょうね。防御的な意味もあるし、また、人間や動物の体にくっついて運んでもらおうという、〝したたか〟なところもある。

赤坂　なるほどね。

佐藤　話はちょっとそれますが、横浜の彫刻家にひとり、野生イネにほれちゃったおじさ

脱粒性
成熟した種子が、母体から自動的に離れる性質。

んがいるんです。田辺光彰さんといいます。

赤坂　変わった人がいますね。でも、気持ちはわかります。

佐藤　わかりますか。なんと、彼はステンレスで野生イネの籾をつくっちゃった。最初の作品は、長さ数十センチほど。お米の部分の長さが三〇センチか四〇センチくらいで、その先にノゲがついてる。ところが、それじゃすまなくなって、次の作品は、籾の本体が一メートル、ノゲが三メートルあまり。その後、彼は正確に野生イネの籾の長さとノゲの長さを測って一一倍だと考えた。一一倍なんて、なんの根拠もないですよ（笑）。

赤坂　科学的じゃないですか（笑）。ぼくのような民俗学者は、絶対に一一倍とか測りませんから。

佐藤　彼は、測ったんですよ。最後の作品では、籾の本体が三メートルありますから、一一倍だと三三メートル。ノゲの部分の太さも、二〇〜三〇センチはある。そのノゲをふくめた全体を、ステンレスでつくっちゃった。これは、タイのパトムタニ稲研究所というところにあります。三〇メートルの長さがあって、その表面にはとげがついてます。ステンレスだから重いし、運ぶのがたいへん。やることが彫刻家ですね。

赤坂　彫刻家ですね。かわいいね。

佐藤　たしかに、デフォルメされると、そのように見えますよ。その人もぼくも、同じ感覚です。野生イネって、ノゲがとても目立つんですよ。

赤坂　ノゲっていうと、われわれ民俗学の関係者にとっても、「野毛」とか「野木」とか、地名なんかにたくさんあります。

佐藤　ほう、そうですか。

赤坂　野毛山とかね、けっこうありますよ。「目に刺さって怪我をした」とかいう、気になる伝承があります。「目に刺さったのは、神様に選ばれた印《しるし》だ」という論理だてになります。文系ですからね。

佐藤　ぼくがまだ〝正しい遺伝学者〟だったとき、野生イネのノゲのかけらが目に入ったことがありました。これはひどく痛かったですね。眼科で診てもらったら、角膜に傷がついていて、「なんでこんな傷がついたの？」って、お医者さんにいわれました。野生イネのノゲだっていったけど、お医者さんにはわからなかったですね。

赤坂　なるほど。そのときに神様に選ばれたんですよ。

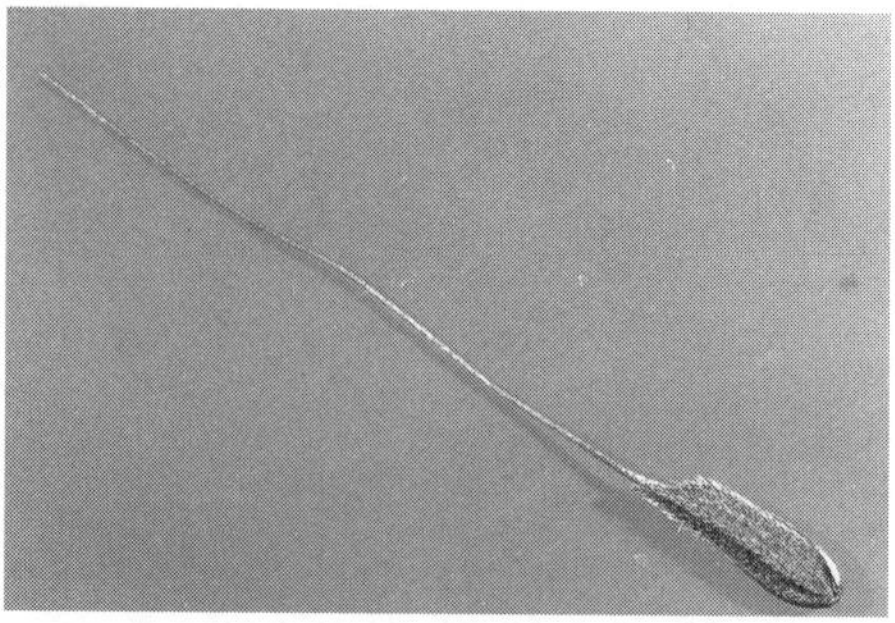

写真2　野生イネの種子。長いノゲが特徴的

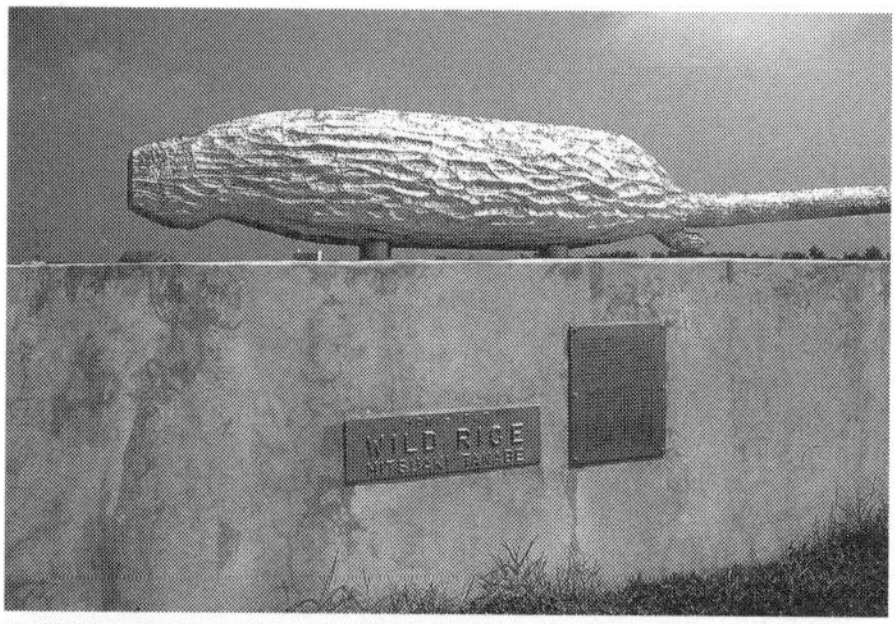

写真3　彫刻の「モミ」（田辺光彰作）
上：胴体部分
下：ノゲの部分
（タイ・パトムタニ稲研究所にて）

佐藤　あんまりいい選ばれかたじゃなかったな。

赤坂　片目にならなきゃいけないとか、傷つくことが、神様に選ばれた聖なる痕。つまり、スティグマになるんですから。

稲作はタネを落とさないイネの品種選択

赤坂　たぶん、その野生イネから佐藤さんの学問のかなり大切な部分がはじまっていると思いますが、いかがですか？　背が小さくて、貧相で、野毛（芒）が長くて、なかなか落ちないでしょ。脱粒性がすくないわけですよね。

佐藤　落ちちゃうんですよ。

赤坂　ぽろぽろ落ちるんですか。では、そういう性質の野生のイネを、人間はどうやって変えてきたわけですか？

佐藤　まず、タネを落ちなくしたわけですよ。

赤坂　どうすれば、タネが落ちなくなるんですか？

佐藤　「落ちなくした」っていうとへんなんだけど……たまたまタネが落ちないイネを見つけて、それを選んできたわけです。土は水をふくんでいるので、黒っぽいでしょ。野生イネのタネも黒いので、落ちると見えなくなっちゃう。探すのはたいへんです。だから、タネが落ちないような突然変異を起こした野生イネを見つけだすと、それを大切に選んできたんですよ。秋口にそんなイネの穂を縛っておいて、まとめてとればいい。「まず最初は、タネが落ちないイネを選んだ」――これがひとつです。

赤坂　なるほど。遺伝学な説明ですね。そういう方法で品種を選びだすんですか。多様性のなかから人間にとって必要なものをとりだして、それを選択的に育てていくわけですね。

佐藤　そうです。それは人間がやってきたことですし、遺伝学は、タネが落ちるイネと落ちないイネを比べるところからはじまります。落ちるやつと落ちないやつは、どうちがうのか――遺伝学は遺伝子の学問なので、両者を交配させるんです。学生のころ、メンデルの法則を習ったでしょう。落ちるものと落ちないものをかけあわせて、それらが孫の代（雑種第2代）にどんな割合で出るかを調べるんです。タネが落ちるイネが四分の三、落ちないイネが四分の一の割合で出たなら、関係する遺伝子は一対だし、それが九対七になれば二対……という具合に、雑種第2代での分離の比率から関係する遺伝子の数を調べるんです。それを調べるのが遺伝学です。

赤坂　正しい遺伝学ですね。

佐藤　そのうちに、一九八〇年代の後半から、DNAなんていうのが出てきたですよ。

赤坂　佐藤さんがまだひよっこで、歩きはじめたころは、DNAは出てきてなかったのですね。

佐藤　そう、ぼくらが学生のころは、DNAなんてだれも教えてくれなかった。でも、自分が先生になったら、DNAを教えなきゃいけなくなった。ぼくらの世代のつらかったところですよね。

赤坂　つらいですね。はざまですから。

佐藤　自分はろくに習ったこともないのに、さもわかったような顔をして……。

赤坂　先生を信じるのは、やめましょう（笑）。それで、野生イネの調査というのは、おそらく日本のコメ（温帯ジャポニカ）と稲作ルーツの問題にからんでくるわけでしょう。そのあたりは、どう展開していくんですか？

佐藤　そのあたりを語ると長くなりますので、おいおい話すとしましょう。

野生イネを守るとは

赤坂　わかりました。野生イネでもうひとつ感動したことがあります。ラオスで、池のようなところにやたらに丈の高いイネがありました。柵がなくて、ぼくがちょうど案内していただいたときには土地の人が水牛の体を洗っていて、その水牛がぽたぽたウンコを落としていました。その姿――つまり、野生イネが隔離されるかたちで守られていないこと――に、ちょっと感動しました。あとで話をうかがったところでは、タイでは、そんな立派な野生イネを見つけた場所は、「大事だから」ということで柵で囲ったそうですね。しかし、囲って守ろうとしたら逆に枯れてしまったという話をお聞きして、野生っておもしろいなあって感じましたね。

佐藤　最初に赤坂さんといっしょにラオスに行ったとき、村に池があったでしょ？　ぼくらは、「あそこに生えている野生イネを守る」という思想を、最初からもっていました。広さ・大きさも適当で、村の人もフレンドリーだし、「よし、じゃあここで、野生イネを守ろう」と考えたんです。その理由は、野生イネが生えている場所はどんどん減っているからです。「ここなら好適地だから、守ろう」という意図です。二回めのトライアルでした。

最初のトライアルは、タイでした。野生イネが生えている場所があったんですけど、そこはフリーローアクセスで、子どもは入ってくるし、水牛は入ってきて野生イネの葉をむしゃむしゃ食べるし、踏みつけるし、ウンコはたらすし……。「これではいけない」ということで、現地の人といっしょになって、一ヘクタール（一〇〇メートル四方）にフェンスを張った。

赤坂　よかったですね。

佐藤　しかも、よせばいいのにタイ語で、「これはタイ王室プロジェクトである」と立て札を書いてしまった。当然のことながら、タイ人はこれを読んで、「これは、おそれ多くて入れない」ということになりました。タイの国民は王室を尊敬していて、王室プロジェクトなどは、絶大な権限をもっています。

ところで、知ってますか？　タイでは、水牛もタイ語を読みます。

赤坂　そうなんですか？（笑）

佐藤　そうです。だから、水牛もフェンスのなかに入らないんですよ（笑）。わたしも、これで野生イネを守れると思った。ところが、二年めか三年めになると一部の野生イネが枯れてきて、そこにマメの仲間の植物が生えてきた。

マメの仲間の植物は、しばしば毒を出して、まわりの植物を枯らして

写真4　野生イネの自生地。右は、タイ・プラチンブリ稲研究所におかれた自生地保全区の設置当初のようす。左は、設置1年後のようす。野生イネのワラの重みで、金網の部分がこわれてしまった

しまいます。これはマメ科の植物ではありませんが、セイタカアワダチソウって、ご存じでしょう？　あれが生えると、まわりの植物に毒を出して枯らし、最後は自分も死んじゃう。同じようなことをする植物が、マメ科には多いんですよ。

赤坂　植物学的には、どういう意味があるんですか？

佐藤　植物が、自分の集団（群落）を守るために、毒を出してほかの植物のタネが生えないようにする――そういうはたらきがあるといわれていて、毒の物質も特定されています。このときは、マメ科の植物の種子がなにかのはずみで一粒入ってきて、そこに生え、まわりにいる野生イネの生育をおさえてしまった。

赤坂　外から飛んできたわけですね。

佐藤　そうです。このマメ科の植物も、そうやって広まっていって、周囲に毒を流し、まわりの野生イネを絶やして自らの群落をつくった。しかし、最後は自分の毒で死に絶えてしまった。あわれです。

赤坂　あわれですね。

佐藤　あわれだし、無常ですよ。そのマメ科の植物が、柵で囲った野生イネのなかに入ってきてしまった。このときは、入ってきたマメ科の植物を抜きとってどけようと思ったんだけれど、柵のなかに入れない（笑）。

赤坂　王室プロジェクトだから入れない、そういうことですか（笑）。

佐藤　そうそう。ただし、このマメ科の植物の侵入でわかったことは――あとで考えるとあたりまえのことですが——植物の仲間には植生遷移があるということです。教科書で習った記憶があるでしょう。最初は一年草が生え、それがだんだんマメみたいな多年草になって、そのうちキク科などの植物が生えてきて、やがて背の低い木が生え、最後は森になる。植生遷移プロセスの最初が、マメだった。

赤坂　なるほどね。

佐藤　それに気がつかないわれわれのほうも浅はかだったけれど、このマメ科の植物がわーっと増えて、それから別の多年生の植物が生えてきます。このように、どんどん植生が移ってきてしまいました。しかし、「ここは王室プロジェクトだから、手を入れちゃ

写真5　野生イネが枯れた部分

写真6　マメ科の植物が、保護柵のなかに入りこんできた

写真7　実験的に、ワラを焼いてみた。このあと、野生イネは元気に復活した

いけないよ」っていわれている手前、われわれも手が入れられなくなり、野生イネは枯れてしまった。ところが、一〇〇メートル×一〇〇メートルを囲ったフェンスの外側の野生イネは健全なんですよ。

人間が手を加える自然と加えない自然——オケラとりと水牛

赤坂　それはいいですね（爆笑）。だけど、生態環境における開放系と閉鎖系の分類では、どういうちがいがありますか？

佐藤　われわれは、しばしば誤解しているんですよ。ぼくらが〝自然〟と呼んでいるもののなかには、本来人間が関わっているから成り立っている自然と、そうではなくて、人間がいなくたってむかしから存在している、いわゆる「原生林」、そういう自然があります。そして、大半の自然は、人間が手を入れた自然なんです。たとえば、**白神山地**《しらかみさんち》へ行って「いやー、自然はいいね」なんて話していますが、白神山地は原生林でもなんでもなくて、人間が手を入れているわけですよ。

それは野生イネの場合もまったくいっしょで、野生イネが野生イネの群落として続いていくためには、人間が手を入れているということが必要ですよ。

赤坂　それがわかったんですね。ラオスでは、もう徹底して開放系ですね。水牛のウンチぽたぽたたらして。

佐藤　水牛だけじゃないです。人間の子どもが入ってきて、穴を掘ってますよ。

赤坂　どうしてですか？

白神山地
青森県南西部から秋田県北西部にかけてひろがっている標高一〇〇〇メートル級の山地（山岳地帯）。世界最大級の規模でブナ天然林が分布しているとして、一九九三年に、屋久島と並んで日本ではじめてのユネスコ世界遺産（自然遺産）に登録された。

佐藤　どうしてだと思いますか？　子どもたちは、適当な長さの棒切れをもってきて、地面に穴を掘るわけ。よく見てると、土の割れ目が入ったところを掘っている。オケラをとってるわけ。

赤坂　ええっ！　あの竹筒に入ってた虫は、オケラだったの……。コオロギでしょ？

佐藤　あれ、オケラです。

赤坂　レストランにもっていって、食べたでしょう。あれは、コオロギじゃなくてオケラ……。ぼくは、便所コオロギだとずっと思ってました。

佐藤　オケラです。ま、どっちにしたってあまり気持ちいいもんじゃないけど……。

赤坂　オケラだとなんか甲殻類って感じがないから、まだ噛み心地がよさそうな気がしますけど（笑）。通りかかった少年から、竹筒に入ったオケラを、コオロギだと思いこんで買いとり、レストランにもっていって「料理してくれ」とたのみました。卵焼きのなかに便所コオロギが浮いてた。ぼくは、あれ、だまされたと思いましたよ。

佐藤　赤坂さんはいつも、だまされた、だまされたっていうけれど、うまいよ。

赤坂　あんな食べかたをするんですか？

佐藤　卵を入れるなんて上等。ごちそう中のごちそうですよ。ふつうは、甘辛く煮つける。

赤坂　甘辛く煮る……。唐揚げなら許せる気がしますが。でもね、柔らかい、黄色い卵のなかに、便所コオロギがこうやって縞模様に浮いてるわけですよ。

佐藤　ダシが出てて、おいしかったでしょ（笑）。

赤坂　前の席にいた日本人の女性研究者が食べているときに、便所コオロギの長い足が歯の隙間から見えて、ぼくは、「ああ、たまらん」と思いながら夢中で食べましたね。どんな味かも、覚えていない。

佐藤　子どもは、そうやって穴を掘ってオケラをとるわけですよ。じつは、子どもはオケラをとって小遣いをもらうんだけど、そのことで、土を踏んづける、土をひっかきまわして空気を入れると、そういうことになるわけです。

赤坂　子どもも、人間が手を入れる自然の一部分として、ちゃんと参加してるんだ。

佐藤　子どもも参加してる。日本の子どもは、家のなかで生産には関係ないことばっかりしてる。

赤坂　生態系って、おもしろいですね。開放系っていうことは、そういうことなんだ。

佐藤　人間がそこに生きている。ちょっと話はそれますが、いま、里山の議論があるでしょう。やっぱりね、人間がそうやって適度な関わりかたをする。当然のことながら、それに応答して彼ら自然も変化する。その微妙なバランスのうえに、あのラオスの池も成り立っている。

赤坂　なるほどねえ。

佐藤　ぼくたちがラオスに行ったのは、一二月だったたっけ。

赤坂　秋でしたね。

佐藤　もうすぐお正月というころでしょう。年が明けて、一月、二月になると、もっと乾燥して水がなくなってしまいます。あそこの広い池のなかの、一角というより何か所かに、テーブルぐらいの広さの小さな池が掘ってあるんですよ。池のなかに池が掘ってある。池全体にいっぱい魚がいるけれども、一月の最後のころになると水位が下がって行くところがなくなり、魚はその池のなかの池に逃げこむわけです。そして、二月ぐらいになると、その池の水もいよいよ減ってくる。そのころになると、村人は網をもって池のなかに入って、魚を一網打尽にしてしまいます。

赤坂　一網打尽にしてしまったら、次の年どうなりますか？

佐藤　卵がのこっています。それから、回遊魚がいて、運よく池から脱出していた個体は、またもどってくる。

赤坂　なるほど、よくできてますね。

佐藤　だからたぶん、全部はとらない。それに、卵がのこる。池をコンクリートなんかで囲ってしまうと、きっと卵も産めなくなる。あのいい加減な掘りかたがいいんです。

赤坂　いい加減さがいいんだって、すごく思いましたね。フェンスなんかで囲ってしまっちゃいけないし。水牛のウンチが、ぼたぼたたれていなければいけない。

佐藤　牛糞は肥料になってますよ。

赤坂　ああそうか、そうですよね。

佐藤　水牛は、野生イネを穂ごとむしゃむしゃ食べます。そして、たとえば野生イネのタネを一〇〇粒食べると、五〇粒ぐらいは未消化なままでウンコといっしょに出てきます。栄養たっぷりのウンコです（笑）。水牛が、田んぼから家まで歩くあいだにウンコをするでしょ。すると、ウンコの落ちているところにニワトリがやってきて、そのウンコをつっつくの。なぜかっていうと、ウンコのなかに寄生虫がいるんです。

写真8　ラオス・トンムアン村の野生イネ自生地内にある人工の池。養魚池になっている

赤坂　ほおー。

佐藤　ニワトリは、寄生虫をつまんだり、水牛のウンコのなかでふにゃふにゃに柔らかくなった野生イネのタネをついばむんですよ。それで、汚い話だけど、たまたまニワトリの体調が悪いと――そのニワトリが下痢をしてると――消化できずにウンコのなかに野生イネのタネが混じって落ちるわけです。つまりね、水牛がウンコでタネを撒き、そのタネをニワトリがさらに遠くに撒くわけ。そうやって、野生イネはひろがり、増えるわけです。

赤坂　なるほどね。われわれは気安く「共生」なんていうことばを使いますが、「共生」ってなんなんでしょうか?

佐藤　うーん……。ぼくが最近の「共生」とか「ともいき」とかいうのをもうひとつ好きになれないのは、たぶんみんな実態を知らないで使っているからだと思うんです。いってることはまちがいじゃなくて、個々のそういう局面が全部「共生」なんですけどね。あとで里山のときに話しますが、ぼくは、最近の里山の話って、あまりに話がきれいすぎて好きになれないんですよ。

考古学で農業は発掘できるか

赤坂　わかりました。じゃあ、あとで里山とか共生の話をしましょう。そのまえに、ぼくがラオスで案内していただいて感動したもうひとつのテーマ、焼畑の話をさせてください。東南アジアのイネと焼畑が、佐藤さんのその後の仕事の大きな楕円のふたつの焦点になっていくと思うので、お聞きしたいんです。あのとき佐藤さんは、山の斜面で作業小屋の横を指さして、「ここに何種類のイネがあると思いますか?」って、われわれにたずねたんですよ。

佐藤　いいました。

赤坂　ぼくはずっとむかし、九州の山地の村ではじめてヒエを見て、「これは、どんな品種のイネなんですか?」と思わず質問してしまい、すごすごと退散したことがあるくらい、わけがわかっていない者ですから、わかるはずがないですよ。そのときに佐藤さんは、「この畳二枚分ほどの広さに、一〇種類ぐらいのイネが生えています」と説明してくれましたね。いろんな種類が生えているということで、ぼくはびっくりしました。

佐藤　そうでしたか。

赤坂　つまり、ぼくが民俗学の調査をしているときは、一面の、何アールもの水田がひとつの品種でうずめつくされて、いわばきわめて効率主義的な稲作、イネの風景を見ているわけです。ところが、その対極のように「一〇種類ぐらいのイネがあります」と説明され、さらにそのまわりの斜面の焼畑には、バナナから何から、また数十種類の作物がそれぞれの場所にある。作業小屋のまわりには、何々とかが生えている。やはり、感動しました、あの姿に。

通常、ぼくらは農業というとき、平野部の基盤整理された水田を思い浮かべています。考古学者の議論を聞いていても、頭のどこかで、新潟平野の一面に稲田がひろがってい

写真9　ラオスの田んぼ。奥は収穫の田んぼで、中央付近が田植え直後の田んぼ。二期作めである。さらに手前の水たまりでは、人びとが魚をとっていた

る風景を起点にして考えているようで、その風景を探そうとする。

佐藤　そうですね。

赤坂　ところが、ぼくが案内してもらった東南アジアでは、おそらく、イネをふくめた農業のはじまりの風景が、あたりまえにころがっている。だけども、たとえば考古学者が地面を掘ったところで、そうした水田稲作以前の農地の遺跡など出るわけがない。きっとわからないでしょうね。

佐藤　出ない、出ない。

赤坂　そのあたりから、「きっと、わからない」ということを感じました。

佐藤　最初にすごくいいことといってもらったけど、ぼくもときどき（最近はちょっとサボってるけど）、考古学者をラオスの田んぼへつれていくわけです。

赤坂　考古学者はどういう反応をしますか？

佐藤　考古学者は絶句する。とくに若い人ほど絶句する。これはいいことだと思います。二〇一一年の秋、うちの研究所にいる考古学者をつれていったけれども、えらく興奮してました。赤坂さんがいまいったのと同じことを聞いてみました。

ぼくは、彼にこう聞いたんです。

「いまここで火山が噴火して、ぼくもあなたもここで死んだとしよう。そして二〇〇〇年後、その時代の考古学者がこの地を掘った。すると、人骨がふたつ出てきてＤＮＡをとると、どうも当時日本にいたふたりの男らしいことが判明する。このふたりは、ここでいったいなにをしていたのだろうという疑問が出てくるが、ほかにはなにも出ない。あるのは、山の斜面の地形。それから、イネは……たぶん、たくさん出る。穂も出るだろうし、タネもあるから、DNAもとれるだろう。しかし、あぜ道が出てくるのかというと、あぜ道はない。灌漑《かんがい》水路もない。いろんなイネが生えていたという考古学的証拠はあるけれど、道具が落ちてるかというと、道具なんか落ちていない。それを見て、二〇〇〇年後の考古学者は、どう判断するんだ?」

若い考古学者は、答えられませんでした。

ぼくは、こう思います。日本からきたふたりは、ここに生えているイネを見にきたことはまちがいない。しかし、それ以外は——たとえば、どんなイネだったかということについては——彼ら考古学者は、返事に窮するだろうと。なぜなら、ここに農業の痕跡はない。いろんなものが混じって生えているだけなのだから。

まちがいなくいまの考古学者も、二〇〇〇年前の日本列島を掘り起こして同じことをやっていると思いますね。

赤坂　考古学的証拠ですか……。

佐藤　おそらく考古学は、現在の農業イメージを当時に投影して、同じものがあるかどうかを必死で探し、灌漑水路が出てきたから「田んぼだ」「田植えのときの足跡だ」とか、クワが出てきたから「稲作をやっていた」ということになる。「その(現在の農業イメージの)枠のなかにはあてはまらない稲作が、ここにはある」というと、やっぱり若い考古学者は一様に絶句するわけです。たぶん、縄文時代はそういう時代だったかもしれないなと思うわけ。それがやっぱりいちばんいい、フィールドにおける考古学者との対話です。

赤坂　なるほどねえ。

佐藤　こんな対話を、ぼくはどんどんやりたい。年寄りはどうでもいいから。
赤坂　年寄りって、いくつ以上でしょうか……。
佐藤　うーん、それは、その人の自己申告でいいですよ。人によってぜんぜんちがいますし、いろいろ新しいものを見て吸収できるだけの好奇心がある人であればいいんです。ぼくは、このラオスのフィールドにおける考古学者との対話は、ちゃんと受け入れてもらえるだろうと思っています。

多様なスタイルのイネと稲作が同居するラオス

赤坂　ラオスの焼畑では、イネをつくってましたね。
佐藤　はい。
赤坂　焼畑のすぐ下では水田でイネをつくっていたり、あるいは陸稲のようにつくっていたりと、稲作そのものがものすごく多様でした。こうしたラオスのような稲作から、どういうふうに日本列島の稲作へと展開していったのですか?
佐藤　そこは、自分の頭のなかでは、方向が逆になっているんです。というのは、ラオスにある焼畑のイネを見たのは、一九九〇年代に入ってからなんです。タイやラオスに入る前に、いろんな国の稲作、たとえばインドネシアでも見たけれども、それでわかったことは、われわれが常日ごろ「水田」と呼んでいる稲作——水が引かれて、びしょびしょのところでやっている稲作——ですが、あのように、あぜ道があり、灌漑水路があり、一面が緑の絨毯《じゅうたん》のようになっている、そんな〝田んぼ〟は、どこにもありませんよ。日本以外にはどこにでも、ラオスの焼畑に集約されるような——悪くいうと「いい加減」ですが、よくいえば「多様」な——稲作があるわけです。

インドネシアのスマトラに行ったときもそうでした。「明日、田植えをするんだ」っていう田んぼを見せてもらったけど、日本人の感覚なら「代掻《しろかき》するまえ」の田んぼでした。木の切り株はのこっているし、草もきちんと刈られてないです。有象無象があたりいっぱいに浮かんでいる。それでも「明日、田植えをする」っていいますから「代掻はしないのか?」とたずねると、「代掻ってなんだ?」って、逆に質問がくるんですよ(爆笑)。

こういう耕作地を見ると、考古学者がこれまで考えてきた水田稲作の姿は、やはり、だれもが「水田である」と認識しているいまの水田です。二〇〇〇年も前の水田稲作は、灌漑水路があり、あぜ道で区切られた一面緑の絨毯の水田だったはずがない。それが焼畑にいきつくまえの、ぼくの観察なんです。

焼畑の調査は一九九一年にはじめたわけですが、その調査に行くまえから、どうも焼畑っていうのは休耕するらしいとわかっていて、ぼくのなかでは大きな衝撃でした。われわれの現在の感覚からすると、休耕は悪いことですよ。休耕して田んぼが草ぼうぼうになると、「あそこの家は、土地を売ろうとしている」という噂や、「ほったらかし」などとそしりがとびかう感覚ですから。

赤坂 そうですね。

写真10 ラオス・ルアンパバーン郊外の山中の水田と焼畑のイネ。ラオスには、このような多様なスタイルの稲作が同居している

代掻
田植えのまえに水田に水を入れて土を細かく砕き、掻き混ぜ、やわらかくして均す作業。

佐藤　「虫が発生するから、なんとかしろ」とかいう話になってきますよ。最近、行政は、「草ぼうぼうにしておくと、そこんところの見晴らしが悪くなって変質者が出るから、草刈れ」っていっとるですよ。
赤坂　そんなところに隠れるんだ（笑）。
佐藤　そう。公園の木まで切れっていう。
赤坂　野毛が刺さったりして（笑）。
佐藤　笑いごとじゃなくて、そういうことで、休耕田というのはものすごく悪い。
赤坂　焼畑を「休耕する」といわれましたけれども、しばしば「荒す」ってことばを聞きますね。そのあたりを説明してください。

一万枚の田んぼと四万数千粒の雑草のタネ

佐藤　一九九五年ごろ、ぼくは静岡市の曲金北遺跡《まがりかねきた》で仕事をしましたが、一枚の区画が数平方メートルしかない小区画の水田がいっぱい出たんです。
赤坂　何年くらい前の遺跡ですか？
佐藤　一六〇〇年前だから、古墳時代の終わりころですかな。いまの広さに換算すると、二、三坪、四畳とか六畳半、そんなもんでしょう。そのぐらいの田んぼが一万枚出てきました。
赤坂　ほお、一万枚ですか。
佐藤　一万枚。掘った人から電話をもらって、「こんな田んぼが出てきたから、見にこい」

っていわれてね。当時、ぼくは静岡にいたから、すぐ見にいった。現場では、「だれがこれを耕してたんだろう。近くに集落はないのに」って、掘った人が頭をかかえていうわけですよ。それを聞いて、ぼくはピーンとひらめいた。

こんな狭い田んぼに、ある年、全面にイネを植えたなんてことは考えられない。考古学者は、自分で田植えもしないし、稲刈りもしないから、田植えのたいへんさを知らないんですよ。このように多くの、一万枚もの田んぼに、いったいだれが一斉に田植えなんかしますか。仮に田植えはできても、草とりはできないです。だれがそんなことしますか。これはへんだと思って、田んぼの土をとってきて調べたら、ものすごく大量の雑草のタネが出てきたんですよ。

おもしろかったのは、学生をひとりつかまえてきて、一平方メートルあたりにどのような種類の草が何粒あるのか、勘定させた。昨今だったらパワーハラスメントで問題になりそうだけど、「きみ、ちゃんと数を勘定して何粒あるか調べないと、卒業論文にならないぞ」っていったんですよ（笑）。

赤坂　それは酷な話だね（笑）。

佐藤　学生はしかたなく一所懸命に数えて、「先生わかりました。全部で一九種類の草がある。この種《しゅ》については、一平方メートルあたり何粒の種子があった。この種についでは何粒あり、全部で四万何千粒出た」っていうんです。一平方メートルあたりに直して、そういわれてもわかりませんから、「じゃあ、この種は、だいたい一株にどのくらいのタネがつくんだ？　タネの数から、株の数を計算してみろ」っていったわけ。彼は、卒業できないとたいへんだと思っているから（笑）、実際の植物をもってきて、一株にタネが何粒ついているか調べる。えらくがんばったですね。その結果わかったことは、いちばん多いところで、一平方メートルあたり九〇株の草が生えていたということです。

赤坂　へぇー、九〇株ですか。イネは生えますか?

佐藤　一平方メートルあたり九〇株の雑草が生えていたら、イネなんて絶対に生えません。絶対無理です。そこで、「考えてごらんなさいよ。九〇株の雑草がある。どうやってイネが生えるんだ?」っていうと、考古学者は「プラント・オパールが出るから、田んぼだ」ってゆずりません。「いや先生、そんなことというけど、雑草のタネは流れてきたにちがいない。ここの田んぼは低いから、きっと低いところに水が流れ、タネを運んできたんだ」って論争になる。「じゃあ、ちょっと地図を見せてみろ」って考古学者の得意な地図を見てみると、種子がいっぱいあった田は必ずしも低いところにあるわけではない。「それ見たことか」といってやったんです。ただ、そうはいったものの、プラント・オパールがあって、雑草のタネもある。この矛盾する結果がどういうことかってことは、わからないわけです。

それで、何日も何日も悶々として考えて、はっとひらめいたのが休耕田です。何年か前にイネを植えていたために、プラント・オパールはたくさんのこっている。イネを植えたあと、なんらかの理由で雑草が増え、雑草の種子がのこったと考えれば、それで決着がつく。

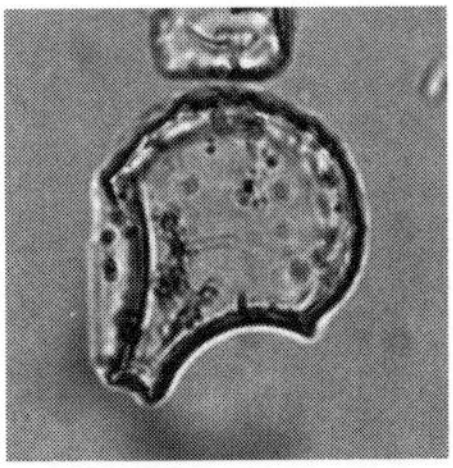

プラント・オパール
土中に見られる植物に由来する珪酸《けいさん》体をいう。珪酸はイネ科植物の葉中にとくに多くふくまれるため、プラント・オパールの有無や多少が、過去の植生を推定する手がかりになる。左は、イネのプラント・オパール（写真提供＝宇田津徹朗氏）

水田も焼畑と同じ方法で輪作する

赤坂　一万枚の小さな区画の田んぼがあるわけですが、当時のある一日もしくは瞬間に見た一万枚の田んぼは、どのような風景だったのですか?

佐藤　おそらく、一〇〇枚の田んぼのうちの何十枚か――場所によってもちがうでしょうし、くわしくはわかりませんが――六〇枚か七〇枚は、雑草がいっぱい生えていた。つまり、ほとんど休耕田なのでしょう。

静岡のあと、福岡平野でも同様の議論をしました。福岡平野は空港がある狭い平野ですが、弥生時代のある時期、ほとんど全面が開発されて田んぼになっています。ですから、九州の多くの考古学者たちは、弥生時代のある時期、もう平野の全面が田んぼに開発されていると考えている。しかし、ぼくはちがうと思う。なぜかというと、稲作の場が年によって動いていて、たとえば今年はここでイネをつくるが、何年かすると草が生えてくるし、肥料が減ってなくなってくるから、別の場所へ移動するわけです。今年イネをつくった場所は、使うのをやめて草ぼうぼうになる。

赤坂　そうか、焼畑の輪作と同じことをやっていたんだ。

佐藤　そう。きっと、まったくおんなじことやっていたにちがいない。そうしないと、暮らしていけない。

福岡平野の全面が田んぼとして開墾されていたとするならば、だれが労働力を提供したのか。毎年、毎年お米を植え続けていたら、肥料はどうしたのか。これは生態学の理屈ですが、ちょっと考えたらわかることです。平野の全面が田んぼとして開墾されていたなどということはありえない。地力は、イネをつくるたびにどんどん落ちてくるから、収穫量は下がり、次第に投下した労働に見合わなくなるから、だれもそんなことはしなくなる。

赤坂　まったく焼畑じゃないですか。

佐藤　焼畑です。

赤坂　だから、何年か輪作して、「荒す」っていいますけれども原野にもどして、また一〇年とか二〇年たって焼く。地力を回復するために、土地を休ませるわけでしょ。

佐藤　そうです。

赤坂　現象的には、再び焼くために、逆にもどる。必ず原野にもどさなければ、焼畑は保てない。

佐藤　もたない。

赤坂　稲作もそうだったわけですね。

佐藤　そうです。考古学者の宇野隆夫さんが、『荘園の考古学』という本を書いています。彼のつくった図では、荘園のなかにさえ「野《の》」が出てくる。最初、宇野さんはこの「野」がよくわからないって思ってたみたいですが、最近では「これは休耕田だ」といってます。そうしないと、荘園がもたない。土地生産性が重要になってくる荘園の局面でさえ、やはり「野」が必要だったわけです。ただし、「野」は、コメはとれないけれど、ほかのいろんなものがとれるだろうと思います。当然、彼らはそれを知っていて、「野」からとれるものを織りこんで生活している。

赤坂　われわれは頭のどこかで、単一の作物品種を、集約的に、連続的に、とぎれること

『荘園の考古学』
青木書店、二〇〇一年

なく栽培することが農業だという〝思いこみ〟にとらわれている。でも、そういう異常な状態を維持していくためには、大量の肥料を入れたり、相当に無理をして人為的な管理をしなくてはいけないということですね。当時は、そんな無理をしてないわけだから。

佐藤　いずれ最後のほうに出てくる議論だけど、いま、「持続可能性」なんてことばがすごく流行っている。政府や一部の研究者のいってることには非常にごまかしがあって、持続させるための背景にある肥料の問題なんかを無視している。肥料が持続的に供給されれば、あるいは現代農業も持続するかもしれない。しかし、ほんとうに肥料がずっと生産され続けるのか。石油の値段が高騰すれば、肥料だって高騰します。そうすると、たくさんの肥料を使ってたくさんのコメをとるといういまの農業は成立しません。「持続可能性」の議論には、こういう点がすっかり抜けています。

赤坂　そうですね。

佐藤　いまの農業は、そのうち破綻すると思います。むかしの人は、おそらくそういうことを知っていた。だから、わざと無理せずに休耕したり、休耕地でとれるものがあったり……。

先日、鹿児島県歴史資料センター黎明館《れいめいかん》の川野和昭さんに、九州山地につれていってもらったんですよ。車で行ったら腰の曲がったおばあちゃんが出てきて、「わたしの若いころには、けっこうかっこいい大学の先生がきて……」

赤坂　そんなこといってるの（笑）。

佐藤　覚えてるのか、とぼけてるのか知らないけど、「ちょっと……」とかいって、だれだかは教えてくれなかったけど。

持続可能性
ひとつの社会が、大きな断絶なく長期にわたって続いていけるという考えかた。とくに先進国の政治家や研究者がよく用いる。

赤坂　いや、色気は大切ですよ。フィールドワーカーにとって、色気って大切なんですよ。おばあちゃんをたぶらかして話を聞きだす色気が。

佐藤　当時は、おばあちゃんじゃないよ。むかしは若かった。

川野さん曰く、九州の焼畑で休耕するときは、「最初に火を入れるときに、お茶のタネを播く」のだそうです。火入れの直後にヒエとかなんとかも植えて、二年か三年後に草が生えてくると休耕して、そこはうっちゃって、別のところに行く。

だけど、そこの畑を焼いた人は、四、五年するとまたそこに行くんですって。すると、お茶が収穫にいいころになっている。しかも、木が生えてるから適当に影ができて、お茶が玉露になってるわけ。まあ、玉露になるかどうかはともかく、日陰で育っているから、茶の葉が柔らかいわけです。そんなことまでやってる。

赤坂　なるほど、すごい知恵ですね。生茶だ。

佐藤　生茶ですね。ほんとの生茶。

赤坂　その、お茶が日本列島に入ってきたプロセスと、イネの伝播っていうのは、重なるんですか?

佐藤　いや、お茶のほうがずっと新しいでしょう。お茶はあとから入ってきたんですが、植物としては照葉樹林の植物ですから、地域としては重なったんでしょうね。コメのほうがずっと古いです。

フィールドワーカーはフィールドでなにを食べているのか

赤坂　フィールドでの知見として、ひとつ。フィールドワーカーがフィールドに入って、なにを食っているのか。それをちょっと聞かせてください。コオロギを食べるなんて、けっこういいかもしれない。

佐藤　なにを食ってるのか……。えーと、ゲテモノ食いの話になりますな。いままで、向こうの人たちといろんなものを食ってて「あっ、こりゃうまい」と思ったのは、ザザムシですよ。あれね、見たら蛆《うじ》ですが、鍋に油をいっぱい入れて、そのなかにザザムシをばっと入れる。ジュウッと音がしてね。

赤坂　暴れるでしょ？

佐藤　暴れるまえに死んじゃう。すぐ浮かんでくるんだけど、ふやけてポップコーンみたいな格好になる。熱いうちに塩をふりかけて食べると、酒の肴に最適ですよ。

赤坂　そりゃ、まだ許せる気がする。玉子焼きのなかの便所コオロギよりはいい（笑）。

佐藤　それはひどいと思う（笑）。

赤坂　ぼくらのフィールドは日本だから、食べてるものなんて、だいたい想像がつく。でも、海外は想像がつかない。想像を超えてしまう食べものが出てくる瞬間がありますね。そういうときには、どうしますか？

佐藤　知らないふりをして飲みこむか、「やっぱりこれは勘弁してくれ」って、降参するかですよ。

赤坂　降参すると、現地の人は喜ぶでしょ？

佐藤　そうそう、向こうの人、すごく喜ぶわけね。「なんだ、おまえ、食えないのか」みたいな顔する。そこは正直に脱帽します。

赤坂　食べられなかったものには、何がありましたか？

佐藤　気持ち悪くて食べられなかったのは、クモ。黒い、でかいクモ。

赤坂　クモを食べるんですか。どこですか？

佐藤　カンボジアに、クモの佃煮があります。毛むくじゃらのクモの、上のほうは硬くていいけど、下のお腹のほうがね、気持ち悪い。

赤坂　なるほどね。噛むとジューシーなわけですね。それはダメなんだ。やはり、見た目ですか？

佐藤　見た目。おなかの部分を見ると、ぷるぷるしてて気持ち悪い（笑）。学生さんにはほんとに悪いことしちゃった。弘前大学からきてる学生に、「おまえたち、食ってみろ」って、先に食わしちゃった。

赤坂　食べましたか？

佐藤　うん。彼がへんな顔してたから、ぼくは食べるのをやめた。ほかに食えなかったものは……んーそうですね……これはさすがにやめようと思って食べなかったのは、サワガニ。

赤坂　なぜですか？　虫ですか？

佐藤　寄生虫がいますよ。ラオスでしばしば出てくる「ソムタム」っていう料理があって、英語では「パパイヤのサラダ」といいます。ぼくは、「サラダって訳すな、ナマスって訳せ」っていってますが、パパイヤの

写真11　市場で売られている昆虫。人びとにとって虫は、ごくあたりまえの、そして貴重なタンパク源である

未熟な実をとってきて、包丁で縦に切れ目を入れてささがきをつくるわけ。それを専用の石の臼に入れてワーッと叩く。叩いて柔らかくしたところに、ニンニク、トマト、ピーナッツ、お醤油、魚醤《ぎょしょう》、トウガラシを入れて、またワーッと叩く。すると、和えもの（ナマス）になります。

ラオスの地方では、そのナマスにサワガニを入れる。「こりゃ、うまいんだよ」っていうけど、さすがに寄生虫がいることは明々白々なので、食べなかった。

赤坂　ラオスの現地の人たちが食べてて平気なのは、お腹になにか飼ってるからですか？

佐藤　いやあ、飼ってないですよ。たまたま運がよくて感染しなかった人がピンピンしているだけ。たぶん、肝臓ジストマですね、運悪く感染した人は、寝たきりになってるか、すでに亡くなってるでしょう。

赤坂　そんなに危険なんですか？

佐藤　危険です。寄生虫と肝炎は恐いですね。

赤坂　そうか。でも、鹿児島の川野和昭さんは野蛮な薩摩男だから、平気なんだ、きっと（笑）。

佐藤　川野さんはすごく豪放だけど、意外とかしこくて、食ったふりしてじつは食ってない（笑）。

赤坂　そのナマスは、メコン川のほとりの、たぶん難民たちの集落でごちそうしてもらいましたよ。サワガニが入ってたら、やばかったですか。じゃあ、ぼくは知らないで食っ

写真12　ソムタム（パパイヤのナマス）

肝臓ジストマ
扁形動物門吸虫綱二生亜綱《にせい》後睾《こうこう》吸虫科に属する寄生虫。

てましたね。

佐藤　たぶん町の人も知っていて、あの地域で食ってるサワガニは、仮に入れるとしても一度茹でたやつですね。

赤坂　そうか。あの男は、それを知っていたのか。

佐藤　きっと、赤坂さんを試したんだよ。

赤坂　みんな、「うまいうまい」と食ってましたよ。ぼくも、ナマスは食べました。

佐藤　あれ、うまいでしょう。すごくおいしい。

赤坂　そうか、サワガニなんかは食べてないんだ。

佐藤　絶対に食ってないと思う。生きる知恵っていうか、彼も鹿児島でさんざんやってるから、知ってると思う。「これは食ってもいい」とか「こいつは危ない」とか、本能的に知ってるね。

タネをとりなさい――遺伝学者のフィールドワーク

佐藤　さっきのイネの起源の話にもどりますが、考古学者とのからみでいうと、ぼくたちは非常に幸いなことに、これまで話した原始的なイネを見てきて、イメージをつくることができました。もうひとつは、イネにはインディカとジャポニカっていうふたつのグループがあります。東南アジアのイネ、とくに平地のイネは、おもにインディカです。しかし、長江で生まれたイネは、おそらくジャポニカのイネが多い。それに関係することを申し上げると、だいぶあとになって気がついたことがひとつあります。ぼくらは遺伝学者だから、タネを集めてきて日本に運び、発芽させ、植え育てて交配したり、DNAをとったりします。タネが必要なんです。最初にいったように、当時のボスは、森島啓子さんという女性研究者でした。ぼくは一三年間、彼女の下で仕事しましたが、ただの一度も、あれをしろとか、これをするなとかいわなかった人です。ですから、ぼくは好き勝手なことばかりしてました。

赤坂　そこで育てられたわけですね。

佐藤　もうほんとに、好き勝手な……。一三年間で三回か四回しか、会議なるものには出なかった。いまなんか、毎日三回か四回やってます（笑）。赤坂さんもそうだったと思うけど、ぼくらのころは、大学ってすごくよかったですよ。

赤坂　いやあ、好き勝手しなきゃ学問は育たないのに、すでにぼくのころは……。

佐藤　その森島さんは、いっしょにフィールドに行くといつも、「タネを集めなさい」っていってた。遺伝学者はタネで勝負するんだから、そりゃ、タネがないと仕事にならない。ところが、いくらでもタネが集まる野生イネと、タネのないやつとがあります。タネのないやつの場合は、必死で探すんです。この部屋ぐらいの群落があって、「タネはないか」と、葉や茎を押さえながら、「ないなあ」「これはどうだ？」「これもないなあ」って。お昼ごはんの時間がせまってくるのに、ボスは「よし、行こう」とはいわずに「タネ、ないの？」。腹は減るし、太陽はかんかんと照って暑いなか、タネを探すんだけれど、ないわけ。そして、だれかがタネを見つけて「あったぞっ」っていうと、ようやくおゆるしが出て、昼飯を食べにいくことができる（笑）。

でもね、そうやってとれたタネは、よそから花粉がきてできたタネであることが多いわけ。あとから――二一世紀になる手前になって、ようやく――わかったことですがね。そのタネをもち帰って三島の研究所の田んぼで植えると、決まって栽培イネに似たイネが多く出てくる。きっと、近くに田んぼがあって、そこから花粉が飛んできてタネができている。

そんなこと、最初のころはわからなかったんですよ。一粒しかない大事なタネですから、後生大事にもち帰って植えてみる。でも、そんなタネはほんとうの野生イネのタネじゃないんですね。印象が強いから明確に記憶していますが、このイネをずっと見てると、野生イネは、インディカでもなければジャポニカでもないように見える。

赤坂　ふーむ。よそから花粉がくる……か。

佐藤　実際はインディカに近いのですが、タネがない野生イネは、どちらかというとジャポニカの顔をしていたりします。でも、栽培されているイネにはインディカが多い。だから、一粒だけあったタネは、インディカでもジャポニカでもない、中間的なタイプになるんです。野生イネ研究のパイオニアである岡彦一先生のお弟子さんが森島さんで、彼らは、野生イネは「インディカでもジャポニカでもなく、共通の祖先なんだ」と、ずっとそう信じてきたわけです。遺伝学的には自然な結論なのですが。

そのあとにＤＮＡの技術が入ってきて、それを使うようになったけど、ぼくはよく岡先生に叱られた。正月明けにね、「三月に、ベトナムへ野生イネの調査に行きます」などというと、怒りゃせんけど、すごく不服そうな顔をするんですよ。

「こんな時期に行って、なにをするんですか？　タネなんか、ないでしょう」

「タネはないです。だけど先生、一一月に行ったって、タネはないですよ」

「じゃ、三月に行っても、もっとないでしょ」

「三月に行ったってないけど、ぼくたちにはDNAの技術があるので、葉っぱがあれば、そこからDNAがとれます。別に、タネなんかなくてもいいんです」

そういうと、先生が不服そうな顔をするわけ。「またDNAか」っていわれるわけですよ（笑）。

だけど、葉っぱからDNAをとってみると、タネがとれなかった野生イネは決まってジャポニカなのです。

赤坂　タネがとれなかった野生イネが、ジャポニカですか？

佐藤　はい。ベトナムのメコンデルタなんかでも、それが非常にはっきりしてきました。秋に行ったところで、野生イネの群落にはタネがないどころか、穂もないですよ。「穂もないのに、どうしてイネだってわかるんだ？」って思われるでしょうが、われわれはプロですから、穂がなくったってイネだとわかります。まちがいなしにイネなんだ。その葉っぱをちょん切ってノートに挟んできて、現地の実験室でDNAをとる。タネから分析をしていたときにはなかった、ピュアなジャポニカに近い野生イネが出てくる。

赤坂　ほんとですか？

佐藤　それが最初のヒントでしたよ。それで、「ああそうか、野生イネのなかにはジャポニカがいるじゃん。やっぱりね」ってわかってきた。どうして岡先生たち――あれだけアジア中を歩いた人――には見えなかったのかという疑問の答えは、彼らはタネばっかり追いかけていたからです。ジャポニカの野生イネは、タネをつけないですよ。ジャポニカは多年草なんです。

赤坂　へぇーっ、イネが多年草ですか。
佐藤　現在の田んぼでも、稲刈りしたあとを見たらわかりますよ。ジャポニカのイネって、ヒコバエが生えるでしょ。稲刈りしたあとの株から、緑色の新しい葉や小さな穂が出るあれ。あれは、多年草だからですよ。
赤坂　そういうことか。
佐藤　ジャポニカって、多年草なんです。野生イネは多年草の傾向がもっとも強いので、タネなんかつけなくたって生きていける。だから、タネをつけません。
赤坂　つまり、農学のある時代もしくは世代にとっては、タネを同定することと、種《しゅ》のあ

写真13　穂をつけない野生イネ。ベトナム・メコンデルタで秋の調査時の写真だが、穂は1本も見えない

ヒコバエ
樹木の切り株や根元から生えてくる若芽。

りようを確認・調査することが、最大のよりどころだった。ところが、ＤＮＡという研究方法が開発されたことで、研究の方法が大きく変わったわけですね。

佐藤　まったく変わりました。メコンデルタにある野生イネには――カンボジアも同じでしたが――タネなんかできないわけ。だから、いままでのやりかたでいくと、記録だけがのこる。「どこどこの村、北緯○度・東経○度の村では、イネは見たけれども、タネはとれなかった」という記録だけがのこるので、タネはないのに記録だけがある。そんなケースがたくさんあります。

赤坂　なるほどね。

野生イネのルーツはどこに？

佐藤　われわれの世代は、非常にラッキーだった。ＤＮＡというツールを手に入れたことで、タネがなくても、あたかもタネがあるかのようにデータをとることができるようになった。幸運だった。ジャポニカの野生イネの穂に、インディカのイネの花粉がつけば、それは中間型になりますよ。だから、「野生イネは、インディカからジャポニカへの中間だ」と古い人はいってきたわけですが、おおもとをたどれば、ジャポニカの野生イネはちゃんとあります。

これが、われわれが「インディカとジャポニカは起源がちがう」といいだした根拠です。

赤坂　それは一九九〇年代ですか？

佐藤　ええ、一九九〇年代のなかごろですね。けっこう最近のことです。

赤坂　日本では、稲作の起源に関わるさまざまな議論がくり返しおこなわれてきたでしょう。渡部忠世さんの世代の、「三角地帯」じゃなくて……。

佐藤　**東亜半月弧**。

赤坂　東亜半月弧に稲作のルーツがあるというのは、タネのことだったのか。

佐藤　そう、タネです。あれは、完全にタネの学問です。じつは、渡部さんは学部学生時代のぼくの先生です。いろんな意味でぼくの先生。ぼくが学生で一年生のとき、渡部さんは担任だった。当時は大学に担任がいた。こわい担任だった。渡部さんて、顔がこわい（笑）。ぼくは、学部に入って「農学部はおもしろくない」と思い、一年間だけ文学部に行きました。

赤坂　文学部ですか。

佐藤　はい。あそんでましたが、そんなとき渡部先生にとっつかまって「何してんだ」と叱られ、その後、いまでも頭があがらない。先生ってこわい。

渡部さんから何度か手紙をいただき、そのひとつに「きみらは勉強が足らん」とあった。ぼくが「イネは長江で生まれた」っていったときです。「自分たちだって、雲南に行って野生イネを見ている。雲南にだって、野生イネはある。自分はいまでもあそこが起源だと思う」ということだったと思います。

それでも、雲南省にある野生イネは、赤坂さんがごらんになった野生イネといっしょで、インディカ系統に属する一年生の性質の非常に強いやつです。なんといわれても、ジャポニカの起源とちがうわけです。

それからもうひとつは、渡部さんは考古学の人とつきあいがあまりなく、雲南には古い

東亜半月弧
中国の雲南省を中心として、ベトナム、ラオス、ミャンマー、インド（アッサム、ナガランド、マニプル地方）、ブータンなどの国々の一部を包括する半月状の照葉樹林地域。

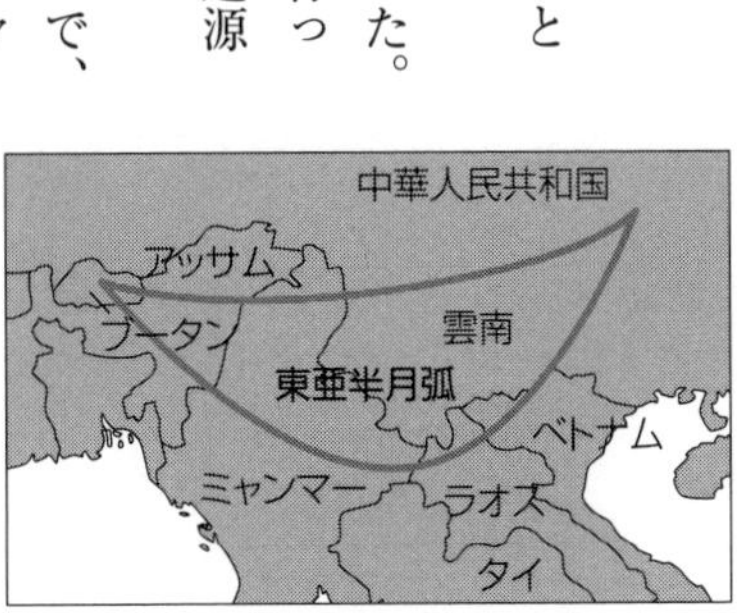

遺跡がないということをご存じなかった。渡部説にとって、これは致命的でした。

赤坂　いまの学説は、どのような状況ですか？

佐藤　ぼくが「ジャポニカのイネは、最初に長江で生まれた」という仮説を出したのは一九九二年ですが、それは崩れてないようです。

二〇〇八年に農水省の人が「イネはインドネシア起源だ」という論文を書き、Nature geneticsという学術雑誌に載りました。はた迷惑なことをしてくれたなと思ったけれど、いいや、ほっとけと思っていたら、うちのプロジェクトにたまたまイギリス人のドリアン・フラーという血気盛んな考古学者がいて、彼が「こんな論文、ほっといていいのか。考古学的には、こんなことはありえない。イネの起源は、どう考えたって中国だ。こんなの、ほっといちゃいかん」っていいだした。ぼくは、「そんなの、ほっといたっていいよ。どうせ自滅するから」といってたんだけど、ドリアンは許してくれず、「自分は考古学の部分を書くから、おまえは遺伝学の部分を書け」ってことになった。しょうがないから、ぼくが遺伝学の部分をへたくそな英語で書きました。その論文もNature geneticsに載っています。「インドネシア起源説なんてうそだ」と。ドリアンが正しい英語に直してくれました（笑）。

写真14　ラオス山中の農村風景。ここは「アッサム―雲南地方」と呼ばれた土地のまっただなかにあたる
上：ラオスと中国の国境近く
左：ラオス・ポンサリ県

赤坂　へぇー、反論ですね。

佐藤　いまでは、人類学の人も考古学の人もインドネシア起源説はありえないということで固まっているから、「イネは長江が起源」は崩れていないですね。その後、農水省の人はなにもいわない。

赤坂　いまでは何年前ぐらいだといわれてますか?

佐藤　非常に重要なポイントなんですが、「何年前」とはいいがたい状況です。というのは、栽培化がはじまってから一応の完成をみるまでのスパンが、きわめて長いからです。「昨年までは旧石器時代の狩猟採取社会（文化）だったけれど、今年は農業を覚えた」というような短期間のできごとではないですよね。

江蘇省のある遺跡でも、一八〇〇年かかっています。一八〇〇年というと、弥生時代の終わりから現代までです。それくらい長い年月がかかってます。

赤坂　つまり、稲作という技術を育てて、それを受容していくためには、それだけの時間が必要だったということですね。どの時代が稲作の起源だという議論は、すでにできあがった技術体系のようなものを想定している議論なのですか?

佐藤　いまの議論は、どこかで線を引いて、それによる起源といういいかたになります。だから、その手の議論は、最近のぼくらの結論としてはあまり意味がない。

赤坂　そうか。「考古学的遺物として八〇〇〇年前のある遺跡で出た」とはいえても、「それが起源である」という議論は成立しませんね。

佐藤　そんな議論は、しても意味がない。むしろ、「その土地ではどうだったか」「その後、どうなったか」「なぜそうなったのか」を考えるほうがよっぽど大事です。

赤坂　おそらく、われわれ一般大衆も悪いのでしょう。考古学の周辺では、「一万数千年前から」とか、「時代はさらにさかのぼりました」とか、「最古」とか、大好きですからね。

佐藤　「最古」「最大」ね。

赤坂　それでコケましたね。旧石器捏造事件で、六〇万年前とか、こんどは七〇万年前の遺物が発見されたとか、はたから見ていて、楽しかったですけどね（笑）。

佐藤　あれでは、インフレになってしまう（笑）。

赤坂　「日本人」なんていないだろうに、どんな顔してんだろうね（笑）。

佐藤　あのときから、その種の議論はあまり意味がないなあと思うようになりましたね。葉っぱからDNA採取するということはひとつのエポックになったと、いまでも思いますね。

旧石器捏造事件
二〇〇〇年に新聞のスクープによって明らかになった石器時代の遺物の捏造事件。有名な考古学研究家が次々に発掘していた日本の前期・中期旧石器時代の遺物や遺跡だとされていたものが、すべて捏造だったことが発覚した。影響は歴史教科書の記述や大学入試にもおよび、日本考古学界最大のスキャンダルとされる。

DNAをとる

赤坂　DNAを採取するときには、葉っぱごとすりつぶすのですか？

佐藤　いまではすごく便利になりました。穴あけパンチがあるでしょ、挟んで押さえると丸い穴の部分が下に落ちるパンチャー。ああいうのをもっていって、パチンと穴をあけて丸く切りとられた葉っぱをつくり、そいつをろ紙にしみこませてもってくる。

赤坂　それでわかりますか？

佐藤　それでわかる。便利ですよ。

赤坂　DNAを使った研究調査方法というのも、すこしずつ開発されてきたわけですね。

佐藤　それは、ぼくの業績ではない。仲間に器用な男がいて、彼がいなければ、ぼくらもここまでできなかった。

赤坂　器用な男ですか。

佐藤　天才的です。彼のエピソードを話しましょう、とにかくおもしろい。DNA屋さんです。DNA屋っていうのは、頭がかたくてどうにもならないのがけっこう多いんですが、彼は頭がやわらかい。

本人から聞いた話ですよ。彼がドクター課程（の学生）のとき、教授から――ペチュニアだったかな――きれいな花の鉢植えをあずかった。「ぼくは正月は不在にするから、きみ、正月のあいだ、この鉢植えのめんどうをみてくれ」っていわれたんですって（笑）。ところが、彼は大晦日の晩から酒を飲みすぎて、あずかった鉢植えのめんどうをみるのを忘れてしまい、枯らしてしまいます。

赤坂　いいですねえ。それで？

佐藤　真っ青になった彼は、どうしようもないので正月が明けてから先生のところに謝りにいく。「先生、もうしわけありません、枯らしちゃいました。せめてものおわびに、死んだ植物からDNAをとって、それを先生にあげますから、これでかんべんしてください」っていったらしいんですよ。当然、先生は怒ったけれど、その先生がえらかったのは、彼を許したところ。そのあと「おい、死んだ植物からもDNAがとれるのかよ」って先生にいわれて、そのとき、「死んだ植物からDNAがとれる」ことに本人もはじめて気づいた（笑）。

ぼくも、遺伝研（国立遺伝学研究所の略）で、えらい先生にいやみをいわれたことがあります。「生物は生きているもので、死んだら生物じゃない」。だって「生物学」っていうでしょう。「遺伝学は生物学だから、遺跡から出る遺物のＤＮＡ分析なんて遺伝学じゃない」と。

赤坂　死んだ生物からＤＮＡがとれることは、まだ知られてなかったのですか？

佐藤　そう、死んでしまった生き物からＤＮＡをとるなんてのは生物学じゃないから。だけど、彼はそれをやったわけ。スイスで、アイスマンだっけ、山岳遭難者だと思って回収した五〇〇〇年前の人の遺体からＤＮＡをとったって。あの話よりまだ前ですよ。彼がもっと目立ちたがり屋だったら、枯れたペチュニアからＤＮＡをとったことで、ノーベル賞とってるかもしれない。

そのころは、ぼくらは遺伝研にいましてね、イネの進化は、これまで話してきたようなことがあって、ほんとうにわからない。当然です。一万年前に起こったことなんて、ふつうの方法じゃわかりっこない。それで「どうしたらいいかね」っていう話をしていたら、「じつは、若いころ、こんな経験があってね」なんて、彼が話しだしたわけです。そこで、「ぼくは考古学者とつきあいがあるので、古いお米をもってくるから、ＤＮＡをとるか?」っていうと、「とる」。話がまとまった。で、ほんとうに古い米粒をもらってきて彼にわたしたら、とってしまった。器用だから。

赤坂　ちょっと確認させてください。「ＤＮＡをとる」というと、文系のぼくとしては、なにかもののようにＤＮＡが固まりになってとれると思ってしまうけど、具体的にはどういうことなんですか？

佐藤　乳鉢に採取したいものを入れ、そこに液体窒素を入れてすりつぶす。テレビのコマ

アイスマン
一九九一年にイタリア・オーストリア国境付近にあるアルプスの氷河から奇跡的な保存状態で発見されたミイラ。

ーシャルでやってたでしょう、液体窒素のなかにバラの花を入れてとり出し、摘むとバラバラになるあれです。

赤坂　テレビで見ましたよ、その液体窒素。京料理で使っていた。凍ったアユをすりつぶして粉末にして、お寿司にしていました。おもしろかった。

佐藤　カチカチに凍ってマイナス一九〇何度になってるときに、ギューッとすりつぶすと粉々になります。お茶の葉だと、抹茶になってしまう。

赤坂　まったく同じ。それから、どうする？

佐藤　ＤＮＡをとり出す試薬を入れて遠心分離すると、ＤＮＡが浮かんでくるんですよ。液体のなかに浮かんできます。

赤坂　ＤＮＡって、ものですか？

佐藤　ものです。

赤坂　情報じゃなくて、実際のものがあるのですか。

佐藤　そのものが情報をもっている。もののなかに、情報が書かれている。

赤坂　へぇーっ。じゃあ、「ＤＮＡをとる」というのは、その粉末状のもののなかからとり出すのか。

佐藤　ＤＮＡっていう〝物体〟をとり出す。糸みたいな物体。

赤坂　いやあ、聞いてみるものですね。ぼくは情報だと思って、「情報をとる」っていってるのかと思っていました。

佐藤　最終的には、情報をとってるわけですよ。最終的には、塩基の並びという情報をとるけれども、情報をとるためには、ものとしてのＤＮＡをまずとらないといけないです。

赤坂　おそれいりました。
佐藤　ヒモ状のものです。
赤坂　ヒモ状のものなの。その写真、見たいですね。
佐藤　電子顕微鏡で撮った人がいるけれど、うにゃうにゃーってなっているので、見てもわからないと思います。
赤坂　ちょっと待ってください。そのヒモ状のものを、どういうふうに情報に置き換えるんですか?
佐藤　そのヒモ状のものは、A、T、C、Gという四種類の物質の並びです。四種類の並びだから、三つあると四の三乗の情報があります。

A　A　AA、T、C、G……四の四乗で二五六かな。それが一〇あったら、四の一〇乗ですから一〇〇万ちょっとですよ。二〇個あれば、さらにその冪《べき》乗《じょう》ですから、計算してください。そのA、T、C、Gの配列が、情報なんです。暗号文になってるわけです。

赤坂　遺伝子のDNA二重ラセン、あのずーっと長いものが翻訳されて、その情報を解読したわけでしょ。
佐藤　そう。情報を人間の目で見えるように可視化したのが、この並びです。
赤坂　それを見ると、ちがいがわかったり、親戚関係とか影響関係とかが見えてくる。
佐藤　わかります。
赤坂　そうか、ヒモだったんですね。

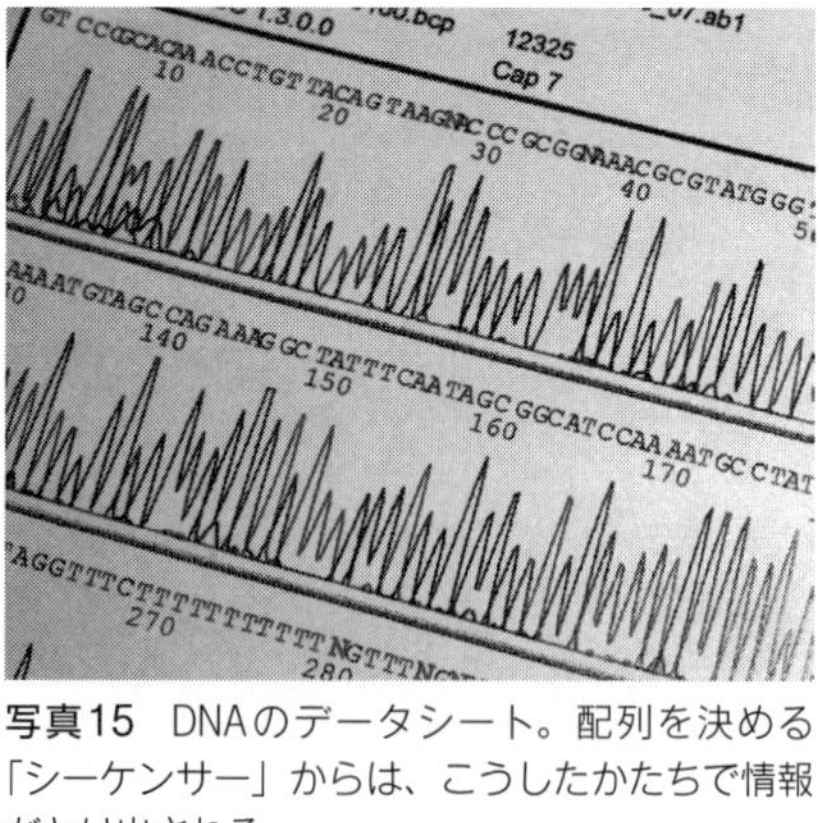

写真15　DNAのデータシート。配列を決める「シーケンサー」からは、こうしたかたちで情報がとり出される

佐藤　ヒモです。われわれは、そのヒモのなかのA、T、C、Gの並びを見ています。
赤坂　並びを置き換えて見ているのか、なるほど。
佐藤　最初にそれをやったのがフレデリック・サンガーという人で、彼はこれで一九八〇年にノーベル化学賞を受賞するわけです。ついこのまえのことです。いまはもう、こんな並びを見るようなことはしません。機械に入れてピッてやれば、だれでもできます。
赤坂　そうか。DNAを使った調査研究の方法を、そういう天才的な手仕事に強い人が開発していく。科学って、結局そういうことですね。
佐藤　思いつき、ひらめきですよ。仲間の植木鉢の失敗が、そういうことにつながる。A、T、C、Gの並び、つまり情報そのものには、「ここからここには、こういう情報を書きこんであります」なんていう指示書はどこにもないわけ。A、T、C、Gがずーっと並んでるだけだから、ふつうならなにもわからない。どこを見れば種のちがいがわかるかを動物的な嗅覚で「ここ」っていうのは、それはもう科学ではなくて、芸術の世界です。
赤坂　うーん、そうですか。あたりはずれがあるでしょう。はずれたところに、どんなにしがみついて研究したってダメ。
佐藤　ダメ。
赤坂　なんにも出てこない。それは、やはり嗅覚なんですか？
佐藤　嗅覚です。彼を見ていると、嗅覚だと思う。ある日突然、「ここがキーポイントだ」っていいだす。なぜそこを見れば種のちがいがわかるのか、それはたぶん、彼自身にも説明できない。

飢饉の犯人

佐藤 ところで、稲作はどのようにはじまったのか。「稲作のはじまりは環境の変化による」という説があります。こういう議論を「**環境決定論**」といいますが、どうして稲作がはじまったのか、どうして日本にきたのかも、環境の変化だけで説明してしまう。環境決定論の大家に、安田喜憲さんという先生がいます。ぼくたちより六つぐらい歳上で、とにかくあの人は、なんでも環境で決める。わかりやすいロジックです。信者もいっぱいいる。

赤坂 声もでかいから（笑）。

佐藤 彼は、「なぜ長江流域で稲作がはじまったのか。そこにはきっと、環境変動が関係してる」といっている。最初は、一万二千何百年前にすごく寒くなるヤンガードリアス期があり、「それが原因だ」といっていたのですが、年代的にあわないですよ。稲作のはじまりのほうが遅いので。彼も、その後、そうはいわなくなりました。

ただ、環境決定論はすごく流行りで、日本でも、たとえば「江戸時代に飢饉が頻発したのは、江戸の小氷期だ」といういいかたをしたりします。もちろん、気候の変化は、なんらかのかたちで生産に関係するだろうと思いますが、大事なことは、江戸の時期にどうして気温が低くなったのか、何度低くなれば飢饉になるのか——小氷期とひとまとめにするなかに、いろんなことがいっぱい挟まっているはずです。これは赤坂さんの専門だから、逆に聞きたい。江戸時代の東北の飢饉って、そりゃ寒かったかもしれないが、もっとほかに関係してることはないですか？ たとえば政策として「コメをつくれ」と

環境決定論
大きな社会の動きや生産の破たんなどが、おもに気候など環境の変化でもたらされるとする考えかた。

か、もしくは「コメなんかつくるな」とか。

赤坂　それがいちばん大きいと、ぼくは思いますよ。江戸の飢饉についても、近年は藩の政策の失敗が大きかったといわれています。

佐藤　そうなると人災なのです。

赤坂　近代の東北の飢饉は、明らかに人災です。**昭和東北大飢饉**の聞き書きが、ぼくたちはまだできました。ずいぶん聞いて歩きましたが、その原因のひとつに、イネの品種がありました。

佐藤　品種ですか。どんな？

赤坂　あのときに全滅している品種があるんです。商業経済に組みこまれているから、みんな、収量がたくさんあって高く売れるコメをつくったわけです。

佐藤　いまといっしょですね。

赤坂　もう、そのころからはじまっています。ある品種名を聞きましたが、なんて品種だったかな……呪われた品種。どこかノートにのこっているはずですが、「なんとかぼうず、あいつにやられた」みたいな話がきわめて多かった。ようするに、みんながその品種にいれこんで、ほとんどの田んぼを、その品種のイネでうめつくしたわけです。

かつて百姓たちは、百枚田とか千枚田で作つけしていましたが、あれには意味があって、リスク管理をしているんです。平野部とか山とか谷とか、さまざまな条件の異なる小さな区画の田んぼに、それぞれに適した品種を選んだ。奥手（晩稲）とか、早生《わせ》（早稲）とかわけて、「今年は天候が悪そうだから、この田にはこの品種を植えておこう」とか。つまり、天候不順とか、どんな条件のなかでも、自分たちが生き延びるための稲作をし

昭和東北大飢饉　一九三〇年（昭和五年）から一九三四年（昭和九年）にかけて、東北地方を中心にたびたび発生した飢饉。

いてるわけです。

佐藤　なるほど。

赤坂　ところが、そういう知恵がしだいに衰えてしまった。というか、その知恵を蹴散らすようにして、商業資本主義が入ってくる。そして、高く売れる収量の多いイネに、みんなが流れていく。昭和九年の凶作の背景には、この問題が見え隠れしていますね。だから、近代の飢饉とか凶作は、ぼくは資本主義の問題だと思う。

佐藤　品種は「愛国」かもしれないね。

赤坂　「愛国」という名前も、よく出てきました。

佐藤　東北日本は「愛国」とか「亀の尾」が多い。「ヒヤダチイネ」とか、そういう種類もありますね。

赤坂　だから、もしかしたらそれは、近代ではなく近世にもつながっている問題かもしれない。「東北の稲作は、きわめて商業的に特化した資本主義の産物だ」といったのは、渋沢敬三ですよ。

佐藤　ほう、そんなころからいってますか。

赤坂　いってます。渋沢のまなざしは、ほかの民俗学者とはちがいますね。

佐藤　その話は非常に示唆的ですね。一九九三年の冷害は、まったくそれのくり返しですよ。八月の何日だったかな、絵に描いたようにいっせいに花が咲いたそのとき、やませがばちっときて、全滅してしまうわけです。岩手県なんかひどいことになって、次の年に植える種籾さえなくしてしまった。

赤坂　すごかったですね、あの年は。ぼくは、本格的に東北を歩きはじめてまもなくだっ

やませ
春から秋に、オホーツク海気団から吹く冷たく湿った北東風または東風のこと。やませは、北海道・東北地方・関東地方の太平洋側に吹きつけ、海上と沿岸付近、海に面した平野に濃霧を発生させる。やませが長く吹くと、冷害の原因となる。

た。あの夏から秋の状況は、一〇〇年前だったら、もう娘の身売りですね。ケガチ（飢餓）の冬がもうそこに迫っている。いまはそういうことはないですけれども、『会津農書』なんか見ても、すでにあの時代——近世前期——の百姓は、品種に対する意識がすごくある。

佐藤　ありますね。

赤坂　土のいいところ悪いところ、早生（早稲）とか奥手（晩稲）とか、徹底した品種管理をして植えてますよ。

佐藤　「ジャガイモ飢饉」と呼んでいる一九世紀アイルランドの飢饉は、一般にはジャガイモの単作が悪いということになっている。もちろん、それも悪いが、ジャガイモは原産地に行くとタネで増える。日本もそうだけど、北のほうに行くと、十分に花が咲かなくてタネがとれないので、株で増える。しかし、株で増やすと、多様性なんか全部なくなってしまいます。

赤坂　どういう意味ですか？

佐藤　植物を株分けで増やすと、クローンと同じ理屈で、子は親とまったく同じ遺伝子型をもつことになります。だから、株分けで子をどんどんつくっていくと、同じタイプのものだけが増えていく。最後には選択の余地がなくなって、一品種になります。それが、「ジャガイモ飢饉」に効いてるような気がする。つまり、飢饉をひき起こした大きな原因です。

イネでもまったくいっしょです。イネは自家受粉で、種イモのような話はないけれども、逆にいうと自家受粉ゆえに、コシヒカリの田んぼはみなすべてコシヒカリですから、同

『会津農書』　一六八四年（貞享元年）佐瀬与次右衛門によって書かれた農業技術書。上巻＝水田稲作、中巻＝畑作、下巻＝牛馬、屋敷その他からなり、附録編もある。『日本農書全集』一九巻（農山漁村文化協会）として刊行されている。

じことが起こります。

赤坂　そうか、いつそれが起きるかわからないですしね。

佐藤　いまそうなったら、たいへんなことになります。

赤坂　「多様性」がリスクを分散して、生き延びるためのサバイバル戦略になるというわけですね。

佐藤　リスクヘッジです。

赤坂　それは非常に興味深いですね。

佐藤　そう。やはり、多様な状況は見ないとわからない。話が最初にもどるけど、ラオスの池のなか、一枚の田んぼのなかにいろんなものがあることが、彼らの世界、彼らの社会ではあたりまえなんです。彼らにとっては、なんにも不思議ではないことだけれど、いまの日本の農家にとって、ひとつの田んぼのなかにふたつの品種を植えると（これは法律に触れるのかな）、とにかくえらいことです。そこからとれるコメは「にせもの」になってしまい、だれも買ってくれなくなることさえありえる。

赤坂　日本ではヒエ抜きですものね。一〇〇〇年、二〇〇〇年と、さんざんくり返してきてたどりついた、日本の稲作なんですね。

佐藤　まあ、究極の姿ですけど、ちょっとそれがいきすぎている。

里山の田んぼに泥水が入ること

赤坂　話がすこしズレますけれど、東北の平野部の稲作農村は、中世の末期から近世にかけて、新田開発の結果として生まれてきた風景です。屋敷林《やしきりん》が気になって調べていくなかで気づかされました。

佐藤　そういえば、そんなことといわれてましたね。

赤坂　中世では、たいてい山の裾に村が展開している。水のいいところ、谷や湿地を利用して湿田を営んでいた。しかし、近世になると、平野部の大規模灌漑がすすみ、いっせいに山ぎわから下りてくる。実際、庄内平野なども周縁部の山ぎわの村は中世的ですが、平野部に進出してくると、家々がすごく密集していて、里山もありません。

佐藤　なるほど、そういうことですか。

赤坂　庄内平野でも里山の調査をすこししましたが、里山をもたない平野部の村むらは、暮らしが容易ではない。だからこそ、屋敷林をつくっていく。その屋敷林を見ると、すごく多様な品種が植えてあります。果樹から竹、杉、アスナロとか、とにかくきわめて多様な用途に対応できるように、数十種類の樹種を植えているわけです。

佐藤　里山みたいですね。

赤坂　そう。ぼくは山村でもいろいろ聞き書きしていたのですが、それは明らかに里山です。山の村に暮らす人たちは、村の背後にある里山から、いろんな山の幸をいただくわけです。木や草をいただくだけでなく、とってきて庭に植える。山村ですら、庭に小さな屋敷林をつくりはじめている。つまり、平野部に進出したときには、里山を背負って下りてきている。屋敷林は里山をデザインしたものだろうと、勝手に想像しています。たとえば、宮城県北部に位置する大崎平野のあたりでは、百姓が百姓として生きていくためには、「前の畑と裏の山」が必要だというらしい。裏の山とは屋敷林のことですが、明らかに里山だと、ぼくは思っています。

佐藤　まさしく里山だね。

赤坂　里山って、なんなのですか？

佐藤　いまの赤坂さんの話にかみあうかどうかわからないけれど、ぼくはいまの里山の議論はすごくへんだと思う。メルヘンなんです。どこかからきれいな水がチョロチョロ流れてきて、そこにサワガニいて、カエルがプカーッと口ふくらませ、ぷくぷくやっている。それを「きれいですね、いいですね」といっているのが里山で、そこに田んぼの泥水が入ると、みんな怒る（笑）。

赤坂　それ、よくわかる（笑）。

佐藤　だけど、ぼくは「なにいってんだ！」と思う。里山――すくなくとも日本の里山――は、田んぼがつくっている。泥水が汚い水だとは、なにごとか。どうも、生産ということを除外してしまっている。

赤坂　おっしゃるとおり。

佐藤　いまは、ぼくらは食えるからそんなことといえるけれども、昭和ひとケタ時代だったら、そんなことといっておられないわけです。食うことに必死で、きれいだとかなんだとかなんて話はない。自分たちが里山という舞台の上で暮らしていくわけだから、そこに生活の知恵があるというのが、本来の里山ですよ。

もうひとつは、「共生思想」です。「こういう多様な環境に住んでるから、日本人は共生が理解できる」とか、「それが本覚思想になって、なんとか、かんとか……」などという話はいっぱいあるが、ちょっと待てよと思っているんです。

その前に中世の日本の里山を考えるとき、ぼくがいちばん大事だと思うのは、やっぱり野たれ死んでる人たちのこと。それこそ化野《あだしの》の話ですよ。京都だって、応仁の乱のときには何万人って人がそこで死んでるわけです。社会の混乱で、だれも死体なんか片づけないでしょう。おそらく地獄絵みたいな光景が展開して、人の死骸の上から草が生えてくるような、そんなとんでもない体験をして、命が循環するということを、当時の人は体得した。そういう体験を、世代を越えて共有していたから、それが循環の思想、循環を基礎におく里山の思想になったと思う。

そこのところを全部切り捨てて、「となりのトトロ」みたいな話だけが表面に出てきて、それで「里山だ」というのは、ふたつの意味でおかしい。いまの里山の議論は、どうもおかしい。

赤坂　ぼくは、聞き書きのなかで、くり返し里山に出会いました。まだ暮らしのなかに家があり、水田があり、そして背後にある里山との関係がかろうじて生きていた時代の記憶に触れているわけです。

たとえば、ぼくは庄内のある村で炭焼きの人から聞き書きをしています。その人は、「里山の木にはそれぞれに表情があって、その一本一本がどんな炭になるのか、想像しているときが楽しい」という。雑木は、かならず根元から伐るらしい。切り株からはいっせいに芽が出て、若子《ワコ》がよく育つけれど、ブナの大木からは芽が出ない。「おれたちは若いうちに伐って、若い森を育てる。その恵みをもらって生きてきたんだ」なんて、すこしだけ哲学的な表現をしたんです。樹齢二〇年ぐらいの雑木だと、地面から一五セ

写真16　化野念仏寺。空海がひらいたというこの寺には、その後、中世から近世にかけての石仏が集められ、いまの姿となった。このあたりは、中世ころまでは京都の一般人が死者のむくろを放置したところといわれる

ンチくらいの高さで伐ると、いっせいにヒコバエが生えてくる。

佐藤　萌芽更新《ほうがこうしん》だ。

赤坂　そういう里山とのつきあいかたをしてきたと、教えてくれました。里山のもっている機能はすごく多様であり、里山なしには稲作はできないですね。

佐藤　そう、できません。絶対にできない。

赤坂　水の問題だけではなくて、田んぼの土をよくするための刈敷《かりしき》にするとか。たとえば『会津農書』を見ると、その舞台になった幕内という村には、里山がないんです。水田をどうやって営んでいくかというと、かなり離れたところの山の権利をお金で買って、確保している。それなしには稲作ができない。つまり、稲作と里山はいわば一体不可分なんです。そこには焼畑と関わりがあるかもしれない技術があって、ワラビ野とか、焼くという技術が里山ではいたるところにありますね。『会津農書』には「火耕」ということばが見られます。

佐藤　それは必須だと思いますね。

赤坂　ワラビはいたるところにあるけれど、焼くことによっていいものが出る。麻もカラムシも、焼くことによって、丈のそろったものが自然に生えてくる。いわば、「焼く」という〝技術〟によって、人間に有利な環境が維持されている。ほうっておくと植生は遷移していくけれど、それをあるところでとめおく技術が、焼くことだった。ほかにもいろんなかたちがあって、それらの技術を仲立ちとして、里山と村が有機的につながっていたわけです。

しかし、聞き書きを続けていくなかで、それは終わってしまったのだと感じています。

萌芽更新
広葉樹の幹を切ると、切り株からたくさんの芽が伸びだしてくる。多くの雑木林は、この芽を育てる方法でくり返し更新されてきた。これを萌芽更新という。薪や炭に利用される細い材をたくさん生産するのに適しているため、里山管理の方法として多くおこなわれてきた。

刈敷
春先から初夏にかけて、山林から刈りとった柴草、雑木の若葉、若芽や稲わら、麦わらなどを水田に敷きこむこと。伝統的な施肥法のひとつ。

カラムシ
イラクサ科の多年草。原野に見られ、高さ一〜二メートル。茎は木質。葉は広卵形で先がとがり、裏面が白い。夏、淡緑色の小花を穂戦後のある時期に、里山の大きな生態環境は終わってしまったんです。おじいちゃんたちは、「山を荒してしまったから、もう山菜もキノコもなんもとれんようになった」といいます。はっきり「終わった」という認識をもってます。

そのあとに、牧歌的な「トトロ」のような景観あるいは景色として、われわれはそれを再発見するのです。だから「美しい里山」には、田んぼの泥水なんか入れちゃあかん」という生産を除外した倒錯した認識があらわれる。田んぼの泥水と循環して営まれていたその環境は、一度終わってしまったんだと考えたほうがいいと思いますね。

佐藤　そうかもしれません。いまの赤坂さんのことばでいうと、地方では遷移がすすんでいて、みんな、「山が攻めてくる」っていうわけです。「山が攻めてくる」とか「緑の砂漠」というういいかたがいっぱい出てきて、「都会の人は、緑に税金、金かけるらしいな。アホラシイ」とさえいう。島根とか山口の知人たちは、そういうふうにいう。京都でも同じで、農業なんかできないです。

タネを播くと必ずシカがきて食う。イノシシもサルもやってくる。野生動物がそこらじゅうを歩きまわっている。このへん、地球環境学研究所のあるあたりだって、新幹線の京都駅から電車で二〇分の都会ですが、そこでさえ里山は野生動物の天国になってしまい、人間のものではなくなっている。

赤坂　広島かどこかで研究会をやりましたが、あれはどこでしたかね？

佐藤　島根。

赤坂　島根でしたか。衝撃を受けました。農業が完全に柵で囲ったなかでしか成り立たないような状況が生まれてしまっていて……。

状につける。茎から繊維をとって織りものにする。

佐藤　そうなんですよ。で、それが広島や島根の過疎地だったら「そうか」と思うんだけども、京都でもそうですよ。
赤坂　京都も、そうなってしまったですか。
佐藤　完全にそうなってる。東京の街の真ん中でもサルがうろつくし、静岡ではサルが人間を襲って噛みつき、一〇〇人ぐらい怪我させている。ぼくは、あのサルを殺すのではなく、「サルにお仕置きしろ」っていったんです。どうして殺してはいかんのかというと、かわいそうだからではなく、殺したらサルたちの記憶にのこらないから。あのサルを痛い目にあわせると、忘れない。
赤坂　からだの痛みで語り継ぐわけですね。
佐藤　サルに知らしめるのです。「知ってるか、人間はこんなにも獰猛《どうもう》なんだ」とね。「赤坂ってのは、獰猛だ」みたいなことをサルが学ぶ（笑）。
むかしは、サルの社会、シカの社会のなかに「人間てのはどうにも性質《たち》が悪い。近寄るな」と語り継がれて、緊張関係があった。いまは、若い子たちは知らないから、シカがいたら「かわいい」でおしまい。
赤坂　「おいしそうだ」とは、思わないんだね。
佐藤　本来はおいしそうだと思わなくちゃいけないんですが、そういうふう（かわいい）になってしまった。その意味で、いまの里山は、里山じゃない。

イネの歴史を探ることとは、どの個別学問分野にもできない

佐藤　どの学問分野も、その個別分野だけでは問題を解くことができないということは、これまでにみんな知っていますよ。たとえば、さきほどいったように、遺伝学では、イネの起源のことなんて、ほんとうはわからない。だから、遺伝子学の骨子からすれば、「インドネシア起源」という結論も、理屈のうえでは出るかもしれない。その論文を読んで論理的にまちがいはないと思った。どこにもまちがいはない、きれいな論文です。データは正しい、対象も中身も正確だし、一見して欠点はない。だけど、よく考えると結論はふたつありえる。

ここにA、B、Cという三つの生き物がいる。くわしいことはいいませんが、いろいろな実験をしてたくさんのデータをとると、「AはBとCの混血だ」という結論と、「AはBとCの共通祖先だ」というふたつの、たがいに相容れない結論が、同じデータから導き出せる。そして、どっちが正しいかというと、たとえば考古学者といっしょに仕事をして、Aが古い時代から出るのか、それともB、Cが古い時代から出るのかを確認する以外ないわけです。歴史事象なのだから。

赤坂　そうですね。

佐藤　しかし、生物学のデータには、そういう情報はないですよ。にもかかわらず、生物学者は自分のもっている経験なり勘なりを使って、「Aから、BとCがきた」とか、「そうじゃなくて、BとCがかけあわさってAになった」などというわけです。それはもうデータじゃないです。そこから先の正しい結論を導き出せるかどうかは、その人個人あ

るいは研究グループがどれだけ正しい歴史認識をもてるかによるわけです。そういう点で、完全に一分野だけでは解けない問題なのです。イネの起源とか、このシリーズでは「イネの歴史を探る」と書いてあるけれども、このようなテーマは、ひとつの学問じゃできないです。同様の問題が、じつは世のなかにいっぱいある。

だけどいまは、学生に対しても「はやく論文を書きなさい」といわねばならない時代です。論文を書くときには、やはり自分の専門分野の雑誌に書くことがいちばんかんたんだから、みんな「考古学者となんか、つきあうんじゃないよ」ってなるわけですよ。「結論が出るような、出ないような、そういう実験の設定なんかするな」となると、どんどんドツボにはまっていく……。

赤坂　そう、そう。

佐藤　学問全体を見ると、結局なにをやっているのか、さっぱりわからない。なにも解けないということになるわけ。

赤坂　二〇一一年三月の震災時の、原発事故をめぐる専門家たちの姿はまさにそれでした。

佐藤　そうですよね。みんなたがいに、相手の分野に対しては素人《しろうと》ですよ。しかも、異分野に対するリスペクトもなければ、経験もない。だから、トータルにものを見ることができないのだろうと思います。ぼくは、震災、原発とは直接関係ないにしても、津波でなにが起こったのかという総合的な調査が大事だと思う。それから、東北の村むらで爺ちゃんや婆ちゃんがつくってきた、いろんな野菜の品種があるだろう（と思う）けれども、それがきっとなくなっているだろうと思う。それこそ、聞き書きで調べると、すごく大事な情報が出てくると思う。

赤坂　なるほどね。

佐藤　そういうことも、いろんな分野の人が話をしないと出てこない知恵ですから。ぼくらは、それをやりたいと思ってるんです。

赤坂　そうですね。そんなエッセイを書いたばっかりです。専門知が、ここまで閉じてしまって、内向きになってしまうと、対話ができない。

佐藤　まだわれわれの世代が生きのこっているうちはいいけど、われわれの世代が引退してやめてしまうと、もう異分野の人となにかやろうっていう人がいなくなる。おれたち、老骨に鞭打ってやらなければ。

赤坂　老骨に鞭打って……ほんとうにそうです。

Ⅱ部

国境を越えて　イネをめぐるフィールド研究　――石川隆二

栽培イネと稲作文化　――佐藤雅志

国境を越えて　イネをめぐるフィールド研究

――石川隆二

I　わたしのイネ研究

1　イネの研究とは

イネの研究には、「どのように栽培すると、いい米がとれるか」という栽培の研究から、生物としての遺伝子の機能を調べる研究まで、幅広いものがある。この一〇年間で話題になっていることのひとつに、「イネにはいくつの遺伝子があるのか?」というテーマがあげられる。

遺伝子の研究分野における最近の重要な出来事といえば、二〇〇四年にイネゲノムの全容があきらかになったことだ。ゲノムというのは、「生物が生物であり続けるために最低限必要な染色体（遺伝子）の集まり」のことで、イネゲノムの場合、その数は四億ほどになる。このゲノムの全塩基配列が解読されたことで、それぞれの遺伝子がどのような機能をもっているのかをあきらかにする研究が急速にすすむようになった。

しかし、遺伝子の研究だけでは、「イネの栽培はどのようにしてはじまったのか」「世界

塩基配列
植物の性質は、DNA分子によって遺伝情報として子孫に伝わる。このDNA分子は、A、C、G、Tと略称される塩基で構成される。イネでは、およそ四億からなる塩基の配列で遺伝情報が伝えられる。

の多様なイネは、どのようなかたちで利用することができるのか」などについての答えを見つけることはできない。そこで必要になってくるのが、フィールド研究だ。フィールドは、日本にもあり、そして世界を旅することで見つかるフィールドもある。また、考古学者が発掘している遺跡の現場から、過去に栽培されていたイネの痕跡を探す研究もおこなわれている。

ここでは、わたしがこれまでにおこなってきた海外のフィールドにおけるイネの研究について紹介していくことにする。イネの原種である野生イネの研究もわずかながら続けてきたので、それを中心に紹介していきたい。

2　イネ研究との出会い

調査は、野生イネが見られるであろう国と地域を自分で決めて、計画を立てて乗りこんでいく。そして、列車やバスではなく自らが運転する車から、道すがらの野生イネを見つけるのだ。時速一〇〇キロで移動中の車のなかからイネを見出して、それを記録していく。その後、研究室にもどり、種《しゅ》を同定（既存のどの分類群にあたるのかを判断）して、遺伝的な多様性を地域ごとにまとめあげていく。

見知らぬ土地のフィールドにおいて、野生イネをすぐに見つけだすことができる研究者は、世界を見まわしてもそう多くない。全部で一〇人もいるだろうか。かなり特殊な研究である。

イネの栽培はどのようにしてはじまったのか

日本をふくむ東アジアから東南アジアにかけておこなわれているイネの栽培は、モンスーン気候に適応した野生イネの登場によって可能になった。祖先種はオリザ・ルフィポゴンであり、アジアからオーストラリアにまで分布している。

一方、アフリカでは、ニジェール川流域において、オリザ・バルシーからオリザ・グラベリマが栽培化された。

なぜ、わたしがこのような特殊な研究をすることになったのだろうか。

わたし自身がはじめて野生イネを研究材料としたのは、大学院に進学した一九八五年、国立遺伝学研究所の森島啓子《もりしまひろこ》教授（すでに故人となられた）のところで研究をはじめた二二歳のときだった。先代の教授でもありイネ研究のパイオニアである岡彦一先生のもと、森島先生、佐野芳雄先生（現・北海道大学名誉教授）、佐藤洋一郎先生（現・総合地球環境学研究所副所長）らが野生イネや栽培イネの生態、進化についての研究をおこなっていた。

日本には野生イネはなく、調査地はいつも外国であった。当時、タイでは、岡先生らによって野生イネの生息状況の継続的な調査が二〇年以上も続けられていた。先生たちは、タイのみならず各国の野生イネの生態調査によく出かけていった。日に焼けて帰ってきては、研究室や温室での実験に勤しんでいた。大学院に入ったばかりのわたしは、イネの遺伝地図作成を受けもち、温室で〝栽培〟している野生イネを実験に利用していただけであった。


自分の目ではじめて自然の生態環境での野生イネを見たのもこの年、タイの首都バンコクで開かれた国際学会のおりだった。当地では、一九八〇年ごろから高速道路が整備され、急速に開発がすすんでいた。ただ、高速道路の高架橋の下は沼地のままだった。そのような場所に、野生イネの大集団が見られた。

ここでは当時、生息環境の水深や、ほかの植物との共存状態などを記録する生態調査が、森島研究室と北海道大学の島本義也先生（現・北海道大学名誉教授）との共同でおこなわれていた。学会に参加するために現地に赴いたわたしは、長靴をはいて沼地に入り、巻き尺で野生イネの集団の大きさや生息状況を計測したり、ボートを雇って水深二、三メートルはある水田のなかに漕ぎいって、四角形の外枠をひろげて一定区画に生息する野生イネや浮草の密度を測ったりしていた。

しかし、やがていまの勤め先である弘前大学に移ってからは、しばらく野生イネや海外の在来種の調査などの遺伝資源の調査から離れていた。

一九九八年、「海外学術研究の調査をしてみないか」という誘いがかかった。二五歳で弘前大学に就職してから一〇年がたっていた。声をかけてくれたのは、タイの調査のときにいっしょだった島本義也先生や、ダイズ、オオムギ、コムギの調査を統括していた岡山大学の武田和義先生（現・同大学名誉教授）であった。

当時、森島先生が統括していた中国周縁国の遺伝資源開発の第二次調査が、武田先生を中心にすすめられていた。わたしは、熱帯アジアにおける野生および栽培イネ遺伝資源の調査をされていた佐藤洋一郎先生（当時は静岡大学）をリーダーとするイネ班の一員として調査に加わることになった。わたしたちはおもに中国南部雲南省から南部の中国周縁国の在来栽培種の多様性の調査をおこなった（このとき、東北大学の佐藤雅志《ただし》先生も別の海外学術調査を組織して、ラオスやミャンマーなど東南アジアのイネ遺伝資源の調査をおこなっていた）。わたしに声がかかったのは、森島先生が退職されて、外に出られる若手研究者が不在であったからだと思われる。

野生イネのフィールド研究では、各国に見られる野生イネの生育環境をみたり、近くの栽培イネの有無、土地や地形などを調べる。また、可能ならばその種子や葉片をもち帰って遺伝的な特徴を調べる。わたしも、この一〇年間だけでも、タイ、カンボジア、ミャンマー、ラオス、ベトナム、フィリピン、インドネシア、オーストラリアなど各地の野生イネを調査してきた。

調査に行くたびに、〝旅の醍醐味〟を知ることになった。必ずしもいいことだけではなく、冷や汗をかくことも多かった。しかし、そのつど経験値はあがっていったのだろうと思う。

Ⅱ　野生イネから栽培イネへ

1　世界に分布する野生イネ

現在、地球上には合わせて二二種のイネが確認されている（表）。このうち二種が栽培イネで、のこりは野生イネである。野生イネは世界じゅうに分布しており、南極大陸をのぞくすべての大陸に生息している。また、一年生のもの、多年生のものにわけることもできる。

染色体構成から現在の栽培イネ（オリザ属サティバ種）に比較的近いものでは、アジア、オセアニアに生息するオリザ・ルフィポゴン、オーストラリアのオリザ・メリディオナリス、アフリカのオリザ・バルシーならびにオリザ・ロンギスタミナータ、南アメリカのオリザ・グリュメパチュラがある。なかには南海の孤島ニューカレドニアにのみ生息する種《しゅ》

イネの種類	一年生・多年生	分布
オリザ・サティバ Oryza sativa ※アジア栽培イネ	一年生	世界中
オリザ・グラベリマ Oryza glaberrima ※アフリカ栽培イネ	一年生	西アフリカ
オリザ・ルフィポゴン Oryza rufipogon ※オリザ・サティバの祖先種	一年生・多年生	アジアからオセアニア
オリザ・バルシー Oryza barthii ※オリザ・グラベリマの祖先種	一年生	アフリカ
オリザ・ロンギスタミナータ Oryza longistaminata	多年生	アフリカ
オリザ・メリディオナリス Oryza meridionalis	一年生	オセアニア
オリザ・グリュメパチュラ Oryza glumaepatula	一年生・多年生	中・南アメリカ
オリザ・オフィシナリス Oryza officinalis	多年生	アジア
オリザ・マイニュータ Oryza minuta	多年生	フィリピン、パプアニューギニア
オリザ・リゾマティス Oryza rhizomatis	多年生	スリランカ
オリザ・エイチンジェリ Oryza eichingeri	多年生	アフリカからスリランカ
オリザ・プンクタータ Oryza punctata	多年生	アフリカ
オリザ・ラティフォリア Oryza latifolia	多年生	中・南アメリカ
オリザ・アルタ Oryza alta	多年生	中・南アメリカ
オリザ・グランディグリュミス Oryza grandiglumis	多年生	南アメリカ
オリザ・オーストラリエンシス Oryza austrariensis	一年生・多年生	オーストラリア
オリザ・リドレアイ Oryza ridleyi	多年生	アジア、ニューギニア
オリザ・ロンギグリュミス Oryza longiglumis	多年生	ニューギニア
オリザ・グラニュラータ Oryza granulata	多年生	アジア
オリザ・メイリアーナ Oryza meyeriana	多年生	アジア（熱帯島嶼《とうしょ》地帯）
オリザ・ブラキアンサ Oryza brachyantha	一年生・多年生	アフリカ
オリザ・スケレチェリ Oryza schlechteri	多年生	ニューギニア

もあるが、すべてがオリザ属に分類されている（野生イネは、生物学的にいうと、オリザ属の多様な種ということになる）。

アフリカには、ニジェール川流域で栽培イネとなったグラベリマが見られる。この地域のみで消費されるきわめて特殊な栽培イネであり、アジア生まれのサティバが「アジアイネ」と呼ばれるのにたいして、「アフリカイネ」とも呼ばれている。

アフリカイネには、近縁の二種が知られている。一年生のバルシーはニジェール川流域に、「長い葯《やく》のイネ」といわれる多年生のロンギスタミナータはアフリカの広域に、それぞれ生息している。

この地域は、気候区分としてはモンスーン地帯であり、明瞭な乾季と雨季がある。乾季には、種子をのこすことによって次世代をのこす。安定して水が得られる池の中心部には多年生のイネが見られる。これは茎からの再生能力が強く、自らが年を越えて生きのこる。このような生態環境に適応して生きのこるイネとしては、ロンギスタミナータのほかに南アメリカのグリュメパチュラが知られている。

アジアイネの近縁種であるルフィポゴンには、一年生から多年生までの幅広い変異がある。一年生は、ニバラという別種として扱われることがあるものの、一般的には幅広いルフィポゴンの変異のひとつとみられている。

2　生きのこるための〝戦略〟

野生イネは、栽培イネとは見かけが多少異なるが、籾《もみ》の形は、イネ属のすべてでたがいによく似ている（写真1）。栽培環境は、明るい草原から暗い森のなかまで多様である。これらは、イネの共通の祖先種が周囲の環境に適応することで系統分化し、種としてわかれたことによる。

野生種と栽培種とのちがいは、なんだろうか？　大きくまとめると、自力で生きのこるための〝戦略〟にさまざまなちがいがあるということになる。

たとえば、種子の大きさは、栽培に求められた形質のひとつだ。これは、食用となる部分にも直接関わっている。さらに、栽培環境に適応しているとの見方もある。栽培植物の進化を研究したジャック・ハーランによると、栽培環境としての畑が胚乳の大きさを変化させたといわれる。

写真1　栽培種の籾（左）と野生種（右2つ）の籾

野生種は、種子を生産したあとにも鳥の捕食から次代を生きのこらせるしかけをもっている。たとえば「**脱粒性**」。これは、種実が成熟するにしたがって母体から自然に離れて落ちる性質のことで、野生種にとっては非常に重要な形質である。

ほとんどの植物は、種子を形成して次代をのこす。しかし、種子は、植物の本体についたままだと、捕食者によって食べられてしまう危険がある（イネなどにとって、とりわけ鳥は大敵である）。そのため、野生種は成熟した種子を地面にまき散らすために脱粒性をもつ。種子は、熟してすぐに地面に落ち、次の季節がくるまで発芽せずに、休眠状態ですごすことになる。

ジャック・ハーラン
アメリカの植物研究者。栽培過程における栽培種の成立過程についての著作が多い。

脱粒性
種子は穂についており、穂《すい》軸《じく》という部分で結合している。脱粒性は、落ち葉が落ちるのと同じように、そこに脱離層をつくることによる。

一方、人間によって種子の収穫がおこなわれる栽培イネでは、多くの場合、この脱粒性は消失している。栽培種の場合、脱落しない個体は次代の種籾《たねもみ》となるチャンスが増えるからである。栽培という人間の行為が、新しい生きのこりの戦略をイネにあたえたのだ。それはたぶん、安定した収穫量を得るためであろう。地面に落ちてしまった籾をいちいち拾いあげる作業のたいへんさは、並大抵のものではないからだ。

最初の変異はたったひとつの個体に生じた。その種子の一部が次代にのこり、やがて集団そのものが非脱落形質をもつようになっていった。この脱粒性の消失には、数千年の時間がかかったものと考えられている。

栽培イネのなかでも、非脱粒性にはかなりの程度の差が見られる。最近の品種は、「難脱粒性」とでもいえるほど、種子が落ちにくいものが多い。一方、古い品種や在来種には脱粒しやすい傾向が見られる。

重要なもうひとつの形質は、休眠性だろう。雨季・乾季のあるモンスーン地帯に生息していた野生イネの種子は、乾季のはじまりのころに脱粒して土の上に落ち、発芽しないまま季節をやりすごす必要がある。たまに降る雨によってかんたんに発芽してしまっては、水がなくなったときに枯死するしかないからだ。野生イネの種子は、次の雨季になってはじめて種のなかにしまわれている胚《はい》（次代の芽から第三葉までをふくむ）から芽を出すように、種皮が空気や水を制限している。雨季がくるまで待って発芽するという形質をもつことで、枯死から逃れて生きのこってきた。

栽培における播種《はしゅ》作業では、一斉の発芽が求められる。人間の行為によって発芽が制御

って、穂から自然に落ちることになる。

されたことになり、休眠性は弱くなった。その代わりに、栽培者である人間が作物を守ることとなったのだ。

さて、休眠性が弱くなることは、いいことばかりなのだろうか？　コムギを例に、すこしばかりこの点を見てみよう。

一定の発芽と開花の斉一性《せいいっせい》は、栽培を効率的にすすめるために重要な要素だ。同時に、発芽するために休眠性が弱まったため、収穫前の長雨が農家の大敵になった。コムギの栽培は、麦秋といわれる初夏となる。コムギの起源地における気候は、この時期に乾燥する。一方、モンスーン地帯ではコムギの収穫時期が乾季ではなく雨季にあたるため、収穫前に雨にあたる機会が増えてしまう。穂についたままの粒に湿り気が供給されるなど一定の条件が整うと、種子はアミラーゼを活性化させて、胚乳《はいにゅう》内部のデンプンを糖に変換する。したがって、製粉品質が劣化する。日本で梅雨がないのは北海道だけなので、品質のいいコムギを栽培できる場所は北海道に限られる。

また、不意の長雨に耐えるためにも、一定の休眠性は必要となる。

ここから見えてくるのは、「栽培化で失ったもののなかにも、重要な性質がある」ということだ。生息する地域や環境自体が変化するにつれて、植物には特殊な反応性が求められる。つまり、遺伝的な多様性が栽培の多様性を担保するということになる。

多年生の種は、他殖を好み、葯が長く、開花期が遅いなどの特徴をあわせもっており、環境に適応した進化をなしとげた。これらの性質は、種子をつくるのに必要なエネルギーを自らが生きのこるために利用する「**トレードオフ戦略**」によるものとされる。

他殖
ほかの個体の花粉で受粉すること。

トレードオフ戦略
種子を生産しようとすれば個体自身が永続的に生きられず一年生となり、個体自身が複数年度生きられるようなエネルギーを利用する場合には種子による後代育成ができなくなるという、エネルギーの利用分配が両立しえない関係のこと。

攪乱状況下では、生きのこっていくためには大量の種子をのこすことが必要とされ、自らは死んでいく運命をたどる。これも、限られたエネルギーを効率よく利用するための戦略である。

やがて、多年生から一年生への変異が生じた。のちに栽培イネとなる個体は、一年生の特性を色濃くもつ個体から生まれてきた。そのため、多くの種子をつける、自殖性の強い個体となった。栽培イネにも多様性があるため、多少の性質のちがいが見られるものの、それぞれ独立して栽培されたアジアイネとアフリカイネにおいても、同じ傾向がある。

もっと遠縁の作物と比較してみよう。分子生物学的な研究によると、イネとトウモロコシが分岐したのが七五〇〇万年前といわれる。二億年前には大陸が分化していたのにもかかわらず、その後分化したイネとトウモロコシの末裔のうちイネ属のみが各大陸に散在しているのは、どうしてだろう。鳥が運んだにしては、あまりにも異なるものが各地に散在している。この地理的・生物学的視点と分子生物学的視点の相違は、今後解き明かさなければならない課題であろう。

二〇〇万年―一〇万年前から現代にいたるまで、ホモ属のヒトの祖先種や、われらサピエンスが世界に拡散するときに、意識的もしくは無意識的にものを移動させたことは、十分にありうることである。ただ、ニコライ・バビロフがあきらかにした栽培種の起源地は、作物進化という歴史の一部しか解き明かしていない。

栽培イネに比べて多様な遺伝的性質をもっている野生イネは、今後の気候の変化にも対応できる環境適応性を有していると期待される。乾燥に耐えるイネ、塩をふくむ土壌に耐

攪乱状況
個体が生きるために必要な環境が急激に変化する状況のこと。水を好むイネにとっては、土壌が乾燥してしまう乾季の状態に変化する場合や、土壌が掘り起こされるような状況をいう。

ニコライ・バビロフ
一八八七―一九四三。ソ連（現・ロシア）の遺伝・育種学者。食糧の安定確保のためにも多様な遺伝資源を確保することが肝要であると考え、世界各地への大規模な農学・植物学調査旅行をおこなった。その成果にもとづいて遺伝的多様性が高い地域（遺伝子中心）がその作物の発祥地であると考え、栽培植物の起原についての理論を発展させた。

えるイネ、洪水によって水没してもも枯れないで、一、二週間も水のなかで耐えられるイネや、急速に草丈を伸ばして水の上まで葉を出すことができるイネ、pHが異常に高かったり低かったりする土壌にも耐えられるイネ、病気に強いイネ――など、あらゆるものが見つかる可能性がある。例として、オーストラリアのメリディオナリスの多様性を見てみよう。写真2に見られるような色のちがいを示すものが野生状態で生息していることを、ほとんどの人は知らない。

しかし、これら野生イネは急速に消失しようとしている。多様な種類がいるなかで、一つの種《しゅ》についてたいてい一〇～二〇ばかりの個体が、遺伝資源の代表個体として保存されているにすぎない。そこで、野生イネの多様性を調査するために、自生地保全区という野生イネ集団そのものを保護する環境をつくる研究がすすめられている。

写真2　白い芒（奥）と赤い芒（手前）をもつメリディオナリス。自然状態での野生イネは、写真に見られるように幅広い変異を有している

3　雑草イネ

海外では、脱粒しやすいイネを水田のなかに見ることができる。ミャンマー、タイ、カンボジア西部などの、水田の脇に野生イネが生息している地域に見られる、ある種のイネである（現地では、このイネを「神のイネ」と呼ぶことがある。農民が植えているわけでもないのに、かってに生えてくるからだという）。

これらは、野生イネとも異なるイネである。人にとっては雑草のように厄介者でありながら、田んぼに自然に生えてくるため、「雑草イネ」という。東南アジアにおいて、野生イネと栽培イネとが交配して生まれてきた、雑種の子どもであることが多い。

この雑草イネは、野生イネの見られない日本やブータンにも見られる。異なる品種間で交雑を生じたものではないかと考えられるもの、脱粒性の程度が非常に強くなった変異体ではないかと考えられるものなど、複数ありそうだ。

日本の場合、岡山県では白米の、長野県では赤米《あかまい》の雑草イネが見られる。両県とも直播《じかまき》という省力化したイネの栽培を積極的におこなっているためか、自然に脱粒したイネの次世代の子どもたちが、翌年、水田に播いた栽培イネと混ざって生えてくる（写真3）。

由来はそれぞれ異なるようだ。岡山では、インド型品種と日本型品種が交雑したもの、あるいは、交雑してはいないが古い品種がどこからか混入したものではないかと推定されている。長野では、日本の在来赤米の後代が、なんらかの原因で強い脱粒性をもつにいたったと考えられている。赤米は低温に強い性質をもっており、長野県のように冬に大雪が降るところでも生きながらえることができる。

雑草イネの種子は、現地の栽培イネが収穫されるまえに自然脱粒する。そのため、秋には多量の種子が散布されることになる。また、雑草イネの穂にのこっていたものが収穫時に混じることによって、次の年の種籾に混入してしまうこともある。

写真3　長野の水田に生えてきた雑草イネ。穂から自然に種子が落ちて（脱粒して）いる。背景に見えるのはコシヒカリ（非脱粒型）の穂

白米・赤米
コメには、玄米が着色している着色米と呼ばれる種類があり、紫黒米《しこくまい》、赤米、赤褐米、白米（無着色米）などに分類される。イネの祖先種はすべて着色米だが、このうち赤米の調節遺伝子に変異が生じ、その偶然生じた変異を農民が積極的に選択したところから現在の白米が生まれたことが、イネゲノムの分析からわかった（なぜ農民が白米を好んだのかは、いまのところ定かではない。現在のわたし

種子生産組合などの種子を購入して種子更新をはからないと、被害が拡大することになる。省力化とコスト削減が課題の日本の稲作にとっては、非常に頭の痛いことである。

一方、ブータンの雑草イネは、ＤＮＡ調査から、インド型品種と日本型品種の交雑であることがあきらかになった。日本型品種は、日本から東南アジアにかけての山岳地帯の比較的涼しい地域で栽培され、インド型品種は、東南アジアの暑い地域で栽培される。ヒマラヤ山嶺に位置するブータンでは、標高二〇〇〇メートル以上には日本型品種が多く、低い標高の地域にはインド型が多く見られる。その中間地帯ではインド型・日本型品種が混在しており、交雑するチャンスが多くなるのであろう。しかも、一九九〇年代にはいってからは、国際機関から入手した、幅広い環境に適応することができるインド型の仲間が導入されていた。それらと在来品種のあいだでの交雑が雑草イネになった可能性は否定できない。これらの遺伝的な機構を調べることや、ＤＮＡによる雑草イネの特徴づけをおこなうことによって、雑草イネがひろがらないように栽培環境を整備することが可能になる。

たちと同じように、それがおいしそうに見えたからであろうか）。

種子更新
採種圃場などを通じてイネやコムギの種子を新しく購入すること。自家採種した種子を長年くり返して使っていると品種の退化が起こり、品質や収量が劣化する危険性が高くなる。それをふせぐために は、数年に一度、新たに種子を購入してリフレッシュさせることが必要になる。

4　生態に適応して成立する生態型品種

自然交雑は、雑草イネを生み出すばかりでなく、品種成立においても大きな原動力となる可能性をもっている。日本型品種が成立してからほどなく、東南アジアにおいてインド型品種が成立したと考えられる。これは、イネ栽培の痕跡をふくむ遺跡の年代からも説明することができる。最近のゲノム研究からも、日本型の栽培種に必要な遺伝子がインド型栽培種にも共有されていることが、あきらかになっている。

白米の成立も同様だ。突然変異によって遺伝子の一部を欠失することで赤色を失い、白米となった（通常、「白米」とは玄米を磨いてえられたコメのことをいうが、赤米にたいする「非赤米」をさす語として用いることもある。ここでいう「白米」は、もちろん後者のことである）。

インド型品種も同じ欠失をもっているものの、その遺伝子の外側は、日本型品種の塩基配列とは極端に異なっている。日本型品種の白米栽培種が、赤米であったインド型品種と交雑し、その後、東南アジアの環境に適応するために、インド型のゲノムが優占する後代が選抜されてきたのだ。

Ⅲ　崩壊する遺伝資源――ラオスの稲作

ラオスは、北に中国、東にベトナム、西にタイ、そして南にカンボジアと、四方を四つの国にかこまれた内陸部に位置しており、海をもたない。そして、その面積をほぼ山岳、丘陵地が占めている。北部は、中国雲南省、ベトナム北西部、タイ北部とともに、少数民族の多いところである（彼らは、パスポートをもたずに国境を越えることができるという）。もちろん、イネが主食であるが、その大半はモチ米である。多くのモチ米は、焼畑で栽培されている。現在のイネ改良品種はほとんどが水稲の品種であるため、焼畑地帯のモチ品種はほとんどが在来品種である。山の懐深いところでは、街道沿いから数キロも離れたところに焼畑が点在していることもある。

少数民族の栽培する陸稲を調査するために、一九九八年の秋、中国側の雲南省から陸路ラオスに入った。国境のパスポートチェックは軍隊が対応しており、その場でしばらく待っていたら、迎えのピックアップトラックがやってきた

トラックの座席には、通訳と運転手、そして二名。それ以外のメンバーは荷台に乗って移動する。日本製のトラックだが、座席のクッションはほとんど効いていない。もちろんエアコンもない。しかし、荷台に乗って風に吹かれるにまかせ、移ろいゆく風景を見ながら焼畑探しをしているのは、心地よかった。

国境を離れるとやがて丘陵地帯となり、斜面を熱帯雨林と焼畑が占める。飛行機から見ると、まるでゴルフ場のように見えることだろう。

焼畑は、雨季のはじまりに熱帯雨林の一部の木を切り倒し、まわりに延焼しないようにしてから火を放つ。焼けこげた跡地は栄養たっぷりだ。地表から一〇センチほどは雑草の種も死んでしまうので、二、三年は雑草の心配をする必要もない。その期間にイネを栽培する。植えるのは、日本の水田に見られる水稲とは草型の異なる陸稲だ。熱帯日本型に分類されるイネがほとんどを占める。管理は粗放であるため、焼畑にはイネのほかにも雑多なものが栽培されている。

やがて、ある程度開けた村ルアンナムターに入った。ここのホテルが今夜の宿だ。ホテルといっても、夜は発電機で電気をともし、シャワーは水のみの、質素なところだ。

ホテルの近くの丘にも焼畑があり、歩いて調査に行くことができた。

背が高くて粒の大きい在来種のモチ米は、水稲のようには多くの茎（分げつ）を出さず、数本しかつけない。その代わりに、大きな穂をつける。「穂重型」と呼ばれるこの性

質は、低肥料の土地においてベスト・パフォーマンスを示す（一方、改良品種は「穂数型」といって、分げつは多いが穂が小さい。そのため、分げつが増える条件である高肥料の環境下でなければ収量があがらない）。

走りだしたらとまらないくらいの急斜面につくられる焼畑は、街道から登るだけで息切れがするくらいである（写真4）。陸稲の強さは、根の伸びかたにもよるだろう。水をためることができない急斜面において、雨水のみにたよっても成長に必要な水分を確保できるだけの能力をもっているのだ。

この陸稲がメインであるラオスにおいては、村ごとに、また、ひとつの丘においても、複数の見た目（表現型）の異なる個体を見ることができる。モチ米であることは変わらない。村人は、それでよしとしている。ときに、丘ごとに異なる品種を植えているともいう

写真4　急斜面につくられた焼畑

ルアンナムターを出て、一路南下する。目的地は、古都ルアンパバーン。二泊三日の行程だ。前日同様、ピックアップトラックの座席と荷台に分乗して山あいの道を行く。けっして高い山ではないのだが、山並みは延々と続く。トラックは、六〇〇メートルの高低差をいく度も登ったり降りたりしながら、峠越えをした。
道中、山際から中腹にかけて陸稲が栽培されているのを見かけると、荷台のだれかが運転席の屋根をたたく。「とまれ」の合図だ。皆がカメラを抱え、ＧＰＳをとり出し、封筒をたずさえて調査仕度を整える。
焼畑では、雑多なものを栽培していた。作業小屋の近くには、トウガン（冬瓜）、キュ

ウリ、ヒョウタン、アマランサス、レモングラスなど。バナナはいたるところに生えていた。そのなかで陸稲は、斜面に延々と植えられていた。ひとつの焼畑のなかで、籾の色、穂の形の異なるものがいくつか見られた。それらをひとつずつ採取して、遺伝的なちがいがあるかどうかを見ることになる。一日のうちに数か所の焼畑を見てまわる。

調査では、ときおりひやっとする場面に遭遇することがあった。たとえば――

焼畑は収穫期を迎えるまえなので、まだ畑に村人はいない。焼畑に入るためにそこの所有者に了解をとろうと、あたりを探してみる。畑の近くの細い山路を登っていくと、向こうからザザッという音がした。角から現れたのは、数人の村人――男たちだった。手には、なにやらやたらと長くて細い銃口のライフルをもっていた。

「まずい、ガイドと離れている！」

いざというときのために、挨拶だけは現地語でいえるようにはしていた。

「サワデイッカ？（日本語で〝こんにちは〟の意味）」

なんとかその場をしのいで、いっしょに道をくだる。ガイドたちと合流して話を聞いてみると、いまは男たちは〝ひま〟な時期なのだそうだ。そして、ひまなとき、男たちは狩りをするのだという。このときも、めでたく獲物をしとめての帰りだったというわけだ（いつ〝忙しい〟のかを聞くのを忘れたのだが、おそらく森を焼いて畑を開墾するときだろう。ただ、開墾は数年単位でおこなうものなので、基本的には〝いつもひま〟なのかもしれない。収穫は女性の仕事だそうだ。女性がいつでも稲作を支えているのだろう）。

こんな調子で、いくつもの焼畑を調べていく。

畑の所有者がいるときには、何を栽培しているのか、陸稲に品種名はあるのかなどとインタビューをおこなう。そして、コメや、収穫間際のイネを一部わけてもらう。ときには収穫を手伝うこともある。カゴを胸側にして担いで斜面をあがる。手には、穂つみ具の小さなナイフ。これを片手の中指の上にもち、同じ手の人差し指と親指とで穂の根元をつかんですこしひねると、穂首を刈りとることができる。足元の悪い斜面でも効率よく収穫するための工夫である。

ある川岸で、奇妙な風景に出会った。民家の庭先に水田があり、裏庭の斜面には焼畑が見える。次の丘にも焼畑だ。焼畑主流のラオス北部に水田があるのはめずらしかったので、ご主人にたずねてみた。すると、斜面には異なる在来種を丘ごとに植えている一方で、現金収入のために水田で改良品種を栽培しているとのことだった。このように、従来の農耕体系から現金収入型の農耕体系に、じょじょに変わっていくのだろう。

斜面の登り降りと暑さで、一日が終わるころにはクタクタだ。そして、疲れ果てたころにようやく次の村に着く。

村に電気はない。あるとしたら発電機だ。ダッダッダ、ブッル、ダダッダッダ……夜の一〇時ごろまで、電気をつけているあいだはこんな調子でけっこうな音を聞くことになる。風呂は、川を利用することもある。村の女も男たちも、子どももおじいさんおばあさんも、皆が時間をわけてメコン川の支流で水浴びをする。ラオスの女性の民族衣装は、シンと呼ばれる巻きスカートだ。布を胸元まであげれば、そのまま水浴びができる。わたしたちは、短パンひとつで川に行く。

当然、泳ぎたくなるのだが、支流といっても流れははやい。川の端からわずかに中央よりに沿って泳いでみるのだが、いつまでたっても前にすすまない。それどころか、気を抜くと水に押しもどされてしまいそうになる。

ふと横を見ると、ガイドのピンパ氏も水浴びをしている。齢《よわい》七〇歳を超えるという同氏は、英語、ロシア語を流暢にしゃべることができる。話によると、定年までは外務省におり、若いときはバドミントンの選手であったとのこと。いまでも全身の筋肉は引き締まっている。

夕食をすませて休んでいると、村人が何人もつれだって同じ方向に歩いていくのが見えた。「何かな?」と思いながらあとをついていくと、ある家に着いた。ここでもダッダッダッダと絶え間ない発電機のエンジン音。そして、何やら大音響の現地語。それを皆でとりかこんでいる。

「〝おしん〟だ」と、ガイドのピンパ氏。どうやら、いぜん日本のNHKで放映されたドラマ「おしん」を見るために、テレビのある家に集まってきたようだ。現地では、おしんの時代と自らの境遇とが重なって見えるのだろう。東南アジアの国々では、この番組の人気が非常に高い。そんな時代だった。

最近の開発は急速なため、この地域もすぐに昭和、平成の日本においついてしまうかもしれない。しかし、いまはまだおしんの時代のように経済的な成長を必要としている時期であり、都市部では急速に発展が期待されている。そのぶん、イネの在来種などはすぐに近代品種に置き換えられたり、農業自体が先細って工業一辺倒の時代になってしまうかもしれない。

翌朝、まだはやい時間から、バイク、自転車が、橋向こうに移動していた。ものの売り買いをするのだという。そのうち、子どもたちが乗合トラックの荷台に乗ってやってきた。お揃いの紺色のスカート、ズボンに真っ白なシャツ。村の学校に通ってくる子どもたちだ。校庭には、授業前のはなやかな子どもたちの姿が見えた。

本日の行程を打ちあわせる。どうやら、川岸からルアンパバーンまで、ボートで行けるらしい。わたしと東北大学の佐藤雅志先生が舟で行くことにした。のこりのメンバーはトラックとなる。

舟といっても幅の狭いもので、ふたりが横にならぶことはできない。渡しの相方は、舟の上の板を伝って前後をいききする。立ちあがると不安定になるらしいので、カメラと調査用具以外はトラック部隊にあずけることにした。

前日の水浴びの際に体感したように、水の流れははやい。舟にはエンジンもついているが、なんともたよりない。オートバイの発動機を改良したもののようだ。

舟で下流に向かう。ときおり、モウソウチクのように太い竹を組みあわせた筏《いかだ》を操る人に出会う。

舟で一時間もくだると、川岸からあがれるところに焼畑のひろがる斜面が見えた。これが、今回の舟旅の目的地でもある。山が入りくんでいるので車では通れないところにある焼畑の遺伝資源を調査しようという試みだ。前日もそうだったが、峠を通るときに見晴らしのいいところがある。山を一〇も二〇も越えたところにも焼畑だ。ここでは、村から数時間歩いて通うことができるところに焼畑をつくることがあるという。

　さてさて、そのようなところには、どんな遺伝資源があるのだろう。とてもではないが、車では行けないところだ。「お金とひま、体力があれば、ヘリコプターで上空に行って、パラシュートで降りるか?」などという度胸試し並のアイデアも出てくる。「それでも、帰りは歩いて数時間だね」などといいながら、景色を見ていた。その話の行き着いた先が、車では行けなくても舟で行けるところもあるじゃないかということになったわけだ。

　なんやかんやで数か所まわってみると、もう昼だ。街まではまだ数時間かかるという。しかたがないので、通りがかりの川岸からあがれる村に立ち寄ることにした。

　村に近づくと、子どもたちが数十人、水浴びをしている。「ああ、楽しそうだな」と思う間もなく、必死な形相をした船頭さんが、舟を彼らから遠ざける。舟の縁でもつかまれたら、かんたんに横転してしまうということらしい。

　このように書くと、われわれと現地の人たちが会話をしているようだが、じつは彼らとはことばが通じない。ガイドに通訳してもらっているのは、行き先と目的だけなのだ。ガイドはひとりなので、今回は同乗してもらえなかった。身ぶり手ぶりで、ラオス語と日本語での会話を成り立たせる。

　わたしは、ひとりだけ離れたところに上陸して、昼飯を探すことになった。

　小さな村には、雑貨屋がひとつ。レストランもなければ、コンビニなどあるわけもない。村でただひとつの雑貨屋にも、食べものらしきものはなかった。しかたなく舟に帰っていくと、船頭さんたちがご飯をわけてくれるという。モチ米の蒸したものと、ニワトリの足を塩茹でしたもの。モチ米を少しもらいはしたが、がまんすることにして道を急ぐことにした。やはり非常食は必要だとつくづく思ったときだった。午後の遅い時間になってようやく、先にホテルで落ち着いていた車部隊に合流することができた。

後日、そのときに苦労して集めたイネを解析して比較したところ、川沿いの焼畑においては予想以上に類似する品種を栽培していることがわかった。これは、舟で移動することによっても品種の伝播はおこなわれるのだということを裏づけるものであった。品種の拡散にはヒトの移動が影響をあたえるのだが、このような山あいでは、比較的長距離を移動する場合は舟や竹の筏が使われたのかもしれない。

Ⅳ　インドネシアの潮汐灌漑

イネと水とは、切っても切れない関係にある。水田による湛水栽培《たんすいさいばい》、モンスーンの雨季の天水を利用した焼畑、そして、真水のすくない海岸地帯においては貴重な水を効率よく利用する潮汐灌漑がおこなわれる。

傾斜のすくない沿岸部では、満潮になると海水が川を逆流してくることがある。もっとも有名な例は、南米アマゾン川のポロロッカだろう。高さ数メートルの波が、河口から上流部をめがけて突進してくるという。

そこまで大きな現象でないにしても、インドネシア・カリマンタン島の沿岸部でも同様の現象が、潮の満ち引きの際に起こっている。真水のすくない地域であり、川の水を引きあげる動力のない同地では、この潮汐の力を利用してイネを栽培していた。

わたしたちが熱帯島嶼《とうしょ》地帯のイネの多様性を調査するためにインドネシアのカリマンタ

ン島を訪れたのは、二〇〇四年一一月のことであった。年じゅう暖かいためか、ここではいろいろな生育ステージにあるイネを同時に見ることができた。水田脇の地面をおおっていたヤシの葉をはぐと、そこには穴に入れられた籾から小さな幼芽が育っていた。近くの水田には苗のかたまりがまとめて植えられており、大きさの異なる苗が植わっている水田がそこここに見られた。

川の沿岸につくられた水田は、川面よりもやや高くなっており、高潮のときに川の水を引き入れられるようになっている。ただし、この水は塩分濃度が高いため、イネにとっては有毒である。そのため、独特な栽培方法をとっているのを見ることができる。高い塩分濃度に対応するために、田植えを二回にわけておこなっているのだ。

最初に芽出しをして、次に高い塩分に耐えられるほどイネを大きくできるように、一回めの田植えをする。少量の真水や雨水で大きくしたら、二回めの田植えとなる。本水田に株をわけて植えることで、潮汐灌漑による塩分がすこしくらいふくまれる水でも栽培できることとなる。自然の力を利用した、特殊な稲作技術である。

Ⅴ　カンボジアの浮きイネと天水田

インドネシアとはうってかわって、カンボジアは乾季と雨季の明瞭な国である。一〇月から四月は乾季。からからに乾いた地面は、ひび割れを起こすほどだ。五月から九月は雨季。とくに九月に集中するスコールによって、カンボジアの中央地帯にあるトンレサップ湖はその面積を数倍に拡大させる。灌漑水路の拡充を急いではいるものの、伝統的には浮きイネと天水田（天水だけに依存している水田）が主流である。

日本人にとって、カンボジアというとまず想い浮かぶのが、アンコール・ワット遺跡であろう。アンコール王朝は、いまから一〇〇〇年ほど前に栄えた王国であり、国の威信をかけた寺院建設で知られる。寺院ごとに異なるが、アンコール・ワットでは、寺院が二キロ四方ほどの大きさの堀でかこまれている。また、顔面像で有名なアンコール・トムでは、いくつもの寺院が堀にかこまれており、その規模はアンコール・ワットよりも大きい。

遺跡の近辺は、背後のタイとの境にある山岳地帯から南にくだったなだらかな平野の南端に位置し、傾斜がゆるく、高低差は一キロにつき一メートル程度しかない。これでは、大雨によって川に流れる水量がかさむと、すぐに水があふれ出てしまう。雨季に増水した水が原因で容易に洪水が起こり、川の流路は何回も変わったことだろう。この地の王として、治水を兼ねた寺院を建造することは、国をまとめることとともに、国を守るためにも必要なことであった。

アンコールでは、バライと呼ばれる大きな貯水池も建設された。八キロ×二キロというから、並の規模ではない。人工衛星からもよく見える。灌漑設備として利用されたという説や、洪水を回避するための手段として使われたのではないかという説もある。

話は前後するが、二〇〇五年、カンボジアの野生イネを探索するフィールド調査で、偶然にひとりの考古学者と出会うことができた。プノンペン在住のリ・バンナさん。日本の上智大学で博士号を取得した、アンコール遺跡研究の第一人者だった。

彼の専門のひとつに、遺物から出土するイネの研究があり、実際に、彼の紹介でカンボ

アンコール王朝
九世紀から一五世紀にかけて東南アジアに存在した王国で、現在のカンボジアの元となった。クメール人の王国であることから「クメール王朝」とも呼ばれる。当初はヒンドゥー教が盛んで、アンコール・ワット遺跡などには数多くのヒンドゥー教寺院がのこされている。また、一二世紀末に即位したジャヤーヴァルマン七世の時代には、それまでの王が掲げていたヒンドゥー教ではなく仏教を信仰し、アンコール・トムをはじめとする一連の仏教寺院を建立した。はやくから灌漑設備を建設して農業の振興をはかったことでも知られる。

ジア王立考古学研究所がカンボジア東北部で発掘された大量の炭化種子を調査することになった（二〇〇八年）。年代測定の結果、いまから一〇〇〇年前の炭化物であることが判明した。これは、アンコール王朝時代の寺院下に大量に栽培イネが集められていたことを示している（写真5）。

現在は、DNA解析をとおして、現地にどのようなイネが栽培されていたのかについての研究がすすみつつある。このような研究からは、野生イネの栽培化がいつはじまったのか、また、ヒトとの関わりによって、当時はどのようなイネが栽培されていたのかを知ることができる。現在では見ることのできない、かつての農業の姿が見えてくるであろう。

写真5　カンボジア東北部で発掘された炭化種子。年代測定によって、いまから1000年前のものとわかった

バンテアイ・スレイの浮きイネ

アンコールに近接する古都シェムリアップの郊外には、野生イネが多い。もっとも古く、もっとも綺麗な女性像のあることで知られるアンコール寺院バンテアイ・スレイが、シェムリアップから一時間程度のところにある（次ページ写真6）。その寺院には堀はないものの、寺院裏の自然の池には浮きイネが見られる。浮きイネは、深さ一、二メートルまで増水した〝池〟でも栽培できる、特殊な能力をもったイネである。

はじめてバンテアイ・スレイを訪れたのは二〇〇四年三月であった。この時期はまだ乾季のため、空き地の一部が水たまりになっている程度だった。わずか五メートル四方程度の広さであったろうか。しかし、その後、八月や一一月に訪れたときには、五〇×二〇メートルほどの空き地すべてが池と化していた。その〝にわか池〟には立派なハスが生え、さらに浮きイネが繁茂していた（写真7）。

通常、浮きイネは多年生であり、開花後も枯れずに地下茎の部分が池のなかで生きのこる。カンボジアに隣接するラオスでは、たしかに乾季においても、池の中央部には多くの多年生イネが見られた。しかし、ここバンテアイ・スレイでは、乾季には野生イネは見られなかった。わずかにハスの葉が草地のなかから突き出ていたくらいだ。シェムリアップからプノンペンまで広大な面積をもつトンレサップ湖でさえ、乾季には野生イネは見られず、雨季にのみ見ることができた。

カンボジアでは、多年生イネは地下茎で乾季をすごしているのだろうか。あるいは、一年生でありながら浮きイネとして過酷な環境に適応したのだろうか。もうすこしつっこん

写真6　バンテアイ・スレイ遺跡。アンコール・ワットの北東部に位置するヒンドゥー教の寺院遺跡。バンテアイは砦、スレイは女で、「女の砦」を意味している

写真7　バンテアイ・スレイで見つけた野生イネ（浮きイネ）をもつ学生

だ研究が必要である。できれば、乾季の草地を掘り起こして、イネの生態を観察したいところだ。

西バライの浮きイネ

先述したように、この地には、「バライ」と呼ばれる巨大な人工貯水湖がある。東バライと西バライのふたつが有名だが、過去にはこれ以外にもいくつか類似する貯水施設があったらしい。衛星画上にも、いくつかバライらしい構造物を見ることができる。

一〇〇〇年前に建造された西バライは、現在も水源として利用されているため、常時水が貯められている（ただし、バライの東半分は、乾季には干あがり、水牛などが草を食べている）。一方、東バライは、いまでは貯水池としては機能しておらず、内部には土産もの屋や水田や住民の住居がつくられてきた。

西バライの中央には、西メボンという神殿がある。広大な貯水池であるため、通常はボートを雇って行くことになるのだが、移動には数十分を要する。

アンコール・トムと接しているため、そちらから歩いていってみることにした。途中までは車で移動して、あとは徒歩だ。

かつては――といっても、ほんの三〇年ほど前までは――この一体が要塞化され、クメール・ルージュと現政府軍が内乱状態にあった。そのため、この近辺にもたくさんの地雷が埋められたといわれる。この二〇年でかなり除去がすすんだようだ。おかげで、ある程度は自由に歩きまわることができる。それでも、草むらや木に「地雷注意」の掲示がないことを確認しておかなければならない（以前、カンボジアでの調査中、ある湖畔にロケット

クメール・ルージュ
かつて存在した政党で、正式名称はカンボジア共産党。クメールは、いまのカンボジアに住む多くの人がふくまれる民族名であり、ルージュはフランス語で〝赤〟もしくは〝紅〟を意味する。一九五〇年代に結党したクメール人民革命党に起源をもつ。のちにポル・ポトが率いることとなり、一九七六年に民主カンボジア政府を発足。反対派を大量虐殺する極端な共産主義革命をおこなった。この虐殺の事実を審査する特別法廷の裁判は、いまも続いている。

弾が漂っているのを見てから、無闇に長靴で入るのをやめたことがあった）。

徒歩でアンコール・トムを抜け出て、西バライに向かう。壊されたままの像がいくつも、道端にならんでいる。都が放棄されたとき、そして過去の戦乱、最近の内乱時に被害にあったのだろう。ここまではまだ修復の手がおよんでいないようだ。

やがて、村があった。ここはすでに西バライの一部である。流れこんだ土砂が蓄積し、すでに陸化している。内乱のさなかに、人びとが遺跡のなかに住みこんでしまったのだという。住むことを黙認される代わりに、水や電気の供給はないようだ。

細い道の曲がり角で、いきなり水牛とはちあわせした。驚いたのは先方だったのだろう。ふだんは温和な水牛が、大暴れして逃げようとしていた。そこは細い一本道で、なおかつ両側はジャングル状態の緑の壁だった。水牛を引いていた男がなんとかあやし、おたがいが無事に狭い道を通りすぎることができた。その先は、急に開けた水際であった。

道の脇には、大きな稲わらの山がいくつもできていた。西バライでは、貯水池の一角に難民として住みついた村人が、浮きイネを栽培しているのだ。遠浅らしく、男が腰まで水に浸かりながら水面上につき出た穂を刈りとって、舟に載せて引いてくる。陸地に引き寄せた舟からおろした穂は積み重ねて乾燥させ、水牛を使って移動させる。

つき添って調査をした「カンボジア農業研究及び開発研究所（ＣＡＲＤＩ）」の職員は、ここで栽培されているイネは、配布している最近の品種ではないといっていた。古代から引き継いで育てているのだろう、収穫したイネの穂には、かなりの変異が見られた。さまざまな個体が同居するかたちで栽培されていると考えられた。この場では、見た目（表現型）の異なる個体を二〇系統ほど収集することができた。

これらのなかには、赤米の個体や白米の個体が混じるなどあきらかに質的に異なる個体が混在しており、粒型《りゅうけい》など量的なちがいを見せるものもあった。いずれも遺伝的な要因で決定される形質である。これも、多様性が持続的な収穫を可能にさせている例ではないだろうか。ＤＮＡによる鑑定によって、ほかの地域でＣＡＲＤＩが収集した浮きイネとも異なることや、多様性に富んでいることがあきらかとなった。いまだに現地の研究機関が保全していない多様性があるようだ。このような遺伝資源を利用することで、ときに過剰な水にも対応できる浮きイネ品種の改良をおこなうこともできるだろう。

天水田における稲作

増水被害のないところでは、雨季の雨水だのみの稲作をおこなっている。このような水田を天水田という。灌漑設備がないために、乾季にはイネが栽培できず、畑作として現在はスイカ栽培が盛んなようだ。ただ、乾季のひび割れた水田跡にも生きのこっている野生イネが見られる。また、首都プノンペン周辺でも、開発とのせめぎあいのなか、いまだかなりの量の野生イネを見ることができた。どうやら彼らは、乾燥にはめっぽう強そうである。今後、継続的な耐性試験がおこなえるようであれば、このような野生種から乾燥耐性形質を栽培種に入れることができるのではないだろうか。

Ⅵ　陸稲栽培から市場経済へ——ベトナム北西部のフィールド

ベトナム北部のハノイ周辺と南部のホーチミン周辺は、水稲栽培が盛んな土地である。

南北に細長いベトナムは、かつて南北ふたつの国に分断されていた。いまでも、それぞれを代表する街――ハノイとホーチミン――を訪れると、異なる文化的風土が感じられる。

中国と接する北部には何度か訪れ、一度は山岳地帯をまわったこともあった。ハノイ近郊には水田地帯が多いが、標高のある地帯に一歩足を踏み入れると、状況は変わった。

山岳地帯では、豊富な紅河《こうが》の水資源を利用することができず、またラオスと接している地帯では少数民族が多くいて、彼らはモチ米を主食としている。イネの多くは陸稲で栽培されている。

二〇〇四年一〇月にベトナム北西部の山岳地帯へ調査に入ったのは、少数民族の焼畑での多様性調査が目的であった。平地のハノイから西への登り道を車ですすむと、村人が収穫作業をしているところだった。通りかかった民家の軒先では、穂刈りした束をつるして乾かしていた。品種ごとにわけているという。ラオスではあまり見かけなかった風景であった。街に近いせいか、品種という概念が強いようだ。

さらにすすむと、刈りとりが終わった水田で農作業をしている女性たちと出会った。この一帯では、水が利用できるところでは水稲栽培が推奨されている。ただし、彼女らの主食は、山で栽培されている陸稲だという。政府がすすめる「近代化」でも、主食の形態は変わっていないようだ。そのためか、水稲栽培の方法は陸稲と同じようにしているようだ。

写真8　ベトナム北西部の農家の女性が集めたリョクトウ

ふと、休んでいる女性の傍らを見ると、さかさにおいた編笠のなかにリョクトウがたくさん入っていた。水田の脇で栽培していたもののこりをかき集めたのだろうか。シワの入ったマメは、市場でふつうに見られるものとはちがっている。地方の固有品種があるのだろう（写真8）。

途中の村では、少女たちが小さい水田で稲刈りをしていた。聞くと、この水稲は市場での換金用に栽培されているものであり、種子は、近くの村の雑貨屋で無料配布されている中国製の**F1**ハイブリッド品種由来のものだという。

通常、F1ハイブリッド品種は一代限りの利用しかできず、次の世代の株には**不稔性**《ふねんせい》が出現する。一方、陸稲や通常の水稲品種は採取した種子を次の年に植えても形質は変化しない。いわゆる純系である。農業体系が変わりつつあっても、すべての農家に栽培方法の普及がすすんでいるわけではないのだ。

しかし、伝統的な品種は急速に失われつつあるようだ。ベトナムでは、政府農業機関が遺伝資源の保全活動をしているというが、はやめに手を打つことが求められている。

さらに標高をあげていくと、かつての北ベトナムがフランス軍を破って独立のきっかけをつくったディエンビエンフーにいたる。この一帯は、急速な開発と高速道路の建設がすすめられていた。その北は、まだ開発の手の入っていない山岳地帯となる。それでも少数民族の家にはBS（衛星放送）の受信設備が整っていた。定住化政策があるのだろうか。

陸稲を栽培するときには、数年ごとに移動して、新たに斜面の森を焼いて肥えた土壌を

リョクトウ
アズキに似ているマメで、種皮が緑色をしている。和名は緑豆。もやしや春雨の原料となる。

F1
別品種の交配によってつくられた新品種の一代目。イネに限らず、今日、品種改良されてできた新品種のほとんどが、F1だといわれている。

不稔性
植物が種子をつくるためには、正常な花粉と卵細胞が必要である。このうちどちらか一方でも正常でない場合は、種子ができない。このことを不稔という。

つくる。わたしたちは、ハナモン族が住んでいる村を訪れて、彼らが陸稲を栽培する焼畑を見せてもらった。自宅の裏の山の斜面にある畑はかなり長期間栽培しているらしく、土地は痩せ細っていた。子どもらが収穫の手伝いをしていた。民族衣装を着ていたが、いずれその習慣もなくなっていくのだろうか。

さらに北にすすむと、このときの調査の目的地のなかでもっとも標高の高い街サパに着く。ハノイではバラが咲いていてバナナが実っているというのに、ここは凍りつくような寒さだ。そして、人びとはハノイの人びととは異なる人たち。少数民族の村であった。

翌日は、一気に山を降りて紅河沿いの国境から中国に抜けた。そこでは不思議な光景が見られた。紅河のベトナム側では焼畑が、中国側ではバナナ栽培がおこなわれていた。経済環境が農業形態にまで影響をおよぼしているようだ。

Ⅶ　野生イネのフィールドワーク

1　過去と未来を知る遺伝資源

各地のフィールドをまわって見えてきたのは、異なる環境とそこに定着した稲作文化との関係である。洪水が起きやすいところでは浮きイネ栽培が盛んであり、斜面が多い山岳地帯では天水と焼畑を併用した陸稲栽培となる。一方、水が豊富に湧き出る山岳地帯には、棚田での稲作が見られる。消失しつつあるものの、いまでも各地に、伝統的に栽培される在来種を見ることが可能である。また、その地域に定着した野生イネが栽培イネと共存していることもあった。

これら野生イネをふくむ多様なイネたちを「遺伝資源」ということがある。それは未利用の遺伝子を抱えたプールのようなもので、イネの改良に役立てられる可能性がある。すでに利用されているものとして、イネ栽培に多大な被害をあたえる「いもち病」に耐性をもつ品種育成があげられよう。

東南アジアでは、一～二週間くらい水没しても成長をとめて耐えられる冠水抵抗性イネの遺伝子が、イネ育種に利用されはじめている。このような遺伝資源は、かつてその在来種が適応しなくてはならなかった自然環境に見事に対応した遺伝子を内包している。

現在では、地球のいたるところで、これまでに見られなかった気候の変化が生じている。これによる予想もできない気象災害が農作物の生産に影響をあたえることによって、わたしたちの生活は困窮する。コムギが高くなれば、スパゲティ、パン、うどんが高くなり、トウモロコシが高くなると、それを飼料にする牛がつくり出す牛乳単価がはねあがってバターが高くなるという具合だ。

このような状況に対応するためにも、なくなってしまうまえに遺伝資源を確保し、解析をおこなうことが求められる。これまで、在来種の遺伝資源は、種子銀行にあずけることをとおして保存がおこなわれてきた。ただ、カンボジアのところで見てきたように、まだ収集されていないものも多数あることだろう。野生イネもまた、遺伝資源のひとつである。解析技術の進歩によって、ゲノムを解読する作業を安価におこなうことができるようになり、野生イネについても膨大なデータが集まりつつある。今後、ますます野生イネの利用が盛んになることが予想される。

いもち病
糸状菌《しじょうきん》という菌類がイネに感染することによって葉や穂を枯らしてしまう病気。「稲熱病」とも表記される。

冠水抵抗性
SUB1Aと呼ばれる遺伝子は、突発的な洪水によって一週間以上冠水した状態でも枯死しない。在来種から見出されたこの遺伝子は、育種素材として洪水頻発地帯のイネの改良に利用されている。

2　自生地集団の多様性と評価

野生イネ研究の大家であった森島先生が国立遺伝学研究所を退職されてから、若い世代が野生イネの調査をまかされる機会が次第に増えてきた。

そのうちのひとつが、佐藤洋一郎先生とラオスの研究所のチームとのプロジェクトによって設立した、自生地保全区調査である。

以前から野生イネが生息していた直径一七〇メートルほどの池には、異なる生息環境を好むイネが見られた。一年生のイネと多年生のイネである。

東南アジアの季節は、雨季と乾季の二種類である。雨季には池全体が水に沈み、周囲の村の子どもが泳ぐことができるくらいになる。乾季には中央部にのみ水がのこり、まわりは乾燥する。したがって、池の中央部の個体は多年生が優占する。

種子をあまりつくらない多年生は、自らが生きのこる戦略をもっている。一方、一年のうち乾燥する時期に枯死する一年生は、大量の種子を生産して次代に命をつなぐ。

この池全体が、一年生から多年生までの異なる生活史特性をもつ野生イネが見られる、ユニークな集団構造をもっていた。自然状態のなかで、定置で野生イネの特性を調査しながらその集団を保全できるのが、自生地保全区である。

ただし、いったん種子や個体を保存すると、その時点で外界との競争からは切り離される。特定の時点での遺伝的な特性は保存できる一方で、カビなどの病原菌との競争から自らの耐病性遺伝子を変化させる小進化は、なくなることになる。

3　自然集団の多様性

先に述べたように、ラオスには在来種も見られるし、いまだ野生イネの大集団を見ることができる。

自然生態系におけるイネの遺伝的な変化を調査するため、池には中央部まで自由に往来できるように桟橋が設置されている（写真9。佐藤洋一郎先生が静岡大学時代に設置したもので、その後も現地研究機関とともに維持している）。乾季の三月にはさすがに水が減り、中央部や池のあちこちに、村人が魚捕り用に掘った溝に水がのこっている程度だ。

われわれ――といっても、三人いた当時のメンバー――が手分けてして網羅的な採取をおこなったのは、二〇〇六年である。池のあちこちで個体を採取した。外側をまわったわたしは、そこで一年生を見ることができた。池の内部には多年性の野生イネが多く見られるのだが、一年生として種子から発芽したてのイネの集団は、池の周囲において見られたものの、ほんのわずかな集団でしかなかった。

種子から発芽した一年生のイネが見られたところは、なぜか草が一度むしりとられたようになっていた。砂地に埋もれていた種子が掘り起こされて発芽したのだろう。芽を掘り起こすと、種子がついたままの状態であった。

横には、池の内部に優占する多年生が見られた。多年生は、自らが生きのこるために、茎に養分をためて芽や根を発生させる。一方、一年生は種子を大量に散布する。しかし、すべての種子が発芽するわけではない。休眠とい

写真9　ラオスの自生地保全区の野生イネ

って最適なときがくるまで発芽しない状態を維持しているのである。おそらく、発芽しないまま死んでしまう個体もあることだろう。

このあたりでは、人びとは水牛を飼っている。牛よりも小心者で、沼地で寝そべるのが好きなこの水牛は、子どもたちの格好のあそび相手でもある。水辺の空き地で寝そべるため、多年生イネをむしりとって、一年生イネの種子を掘り起こしたのだろう。種子は、攪乱によって傷つけられると急速に吸水して発芽する。そのため、池の外側で一年生を見ることができたのだと思われる。

ラオスの野生イネとは異なる生態環境にあるのは、タイのプラチンブリにある野生イネ自生地保全区の野生イネ集団だ。この集団は、多年生野生イネのみで構成される。その習性として他殖を好む性質があり、ほかの個体との花粉のやりとりをしている。このため、ひとつの個体が生み出す種子が少量であっても、遺伝的に多様な後代が出現する。二〇一三年一月にこの自生地保全区の調査をおこなってＤＮＡの多様性をラオスの自生地保全区の集団と比較したところ、タイの集団が比較的高い多様性を維持していることがわかった。いもち病抵抗性遺伝子の多様性を調査しても、耐性遺伝子に共通する特徴を示したことまでわかってきた。いもち病は、湿度のある地域を好む菌による病気であるため、タイのこの地域では重度の被害をもたらすことはすくない。にもかかわらず耐性遺伝子を有する個体が生息していることは、野生イネの遺伝的多様性を証明するデータのひとつになろう。

4　自然集団の崩壊の危機

ラオスでの調査のすぐあとに、カンボジアへ移動した。カンボジアも、野生イネ大国である。首都のプノンペンにおいても、水田脇の水路、寺院の脇の溜め池などいたるところに野生イネを見ることができた。

この地域の近くのサイトでは、きわめてめずらしいタイプの葉緑体型も見出された。小学校の校庭が洪水で水浸しになっているところで見つけた系統であったが、ある領域が四〇塩基程度増えていたのだ。葉緑体ＤＮＡは、母親からだけ子に遺伝する。野生イネの母系として、カンボジアにはほかの地域とは異なるタイプの系譜があることになる。このような系統は、栽培品種や野生種をふくめてもほかには見つけられておらず、多様な変異がこの地域に保存されていることを示していた。

ただし、経済的な開発が急速にすすむこの地域では、新たな建築やアスファルト舗装などによって、環境が大きな変化をとげている。数年後に訪れたときにはすでにその場所は埋め立てられ、校舎も立派になっていて、野生イネは見つけることができなかった（写真10）。タイの自生地保全区のように将来に必要になるかもしれない多様な遺伝資源が失われていくことは非常に残念である。

写真10　右は2007年に野生イネが見られたカンボジアの小学校の校庭。2009年に行ったとき（左）には埋め立てられており、野生イネはすでに見られなくなっていた

Ⅷ オーストラリアのイネ――ヒトと大陸の進化

1 大陸を越えたイネ

植物は、自らが動くことはなく、種子が運ばれた先で運がよければ芽を出すことができる。東南アジアはモンスーン地帯なので、秋から乾燥がはじまり、翌年の五月ごろから雨が降りだす。それまでのあいだ種子のままで乾燥をやりすごし、雨季に生長する。

多年生イネは、乾季にも水がのこる池の内部に生育する。増水して水かさが急速に増し、洪水になることもしばしば起こる。そのようなときは、稈長《かんちょう》（イネの株元から穂までの長さ）を伸ばして葉を水の上に出す。種子は芒《ぼう》をもち、その上には鋸歯《きょし》と呼ばれる棘《とげ》のような構造がある。そのため、乾季に土のなかにもぐりこんで動物による食害をさけることや、とりついて別の場所に移動することもあるだろう。おそらくそのようにして、イネは世界中に拡散していった。

葉緑体ＤＮＡの多様性から、アジアがその中心であると考えられるが、南極以外のすべての大陸に野生イネを見ることができる。野生イネの調査でアフリカや南アメリカのアマゾンなどに行くと、遺伝的にかなり離れたイネを見ることができる。

栽培イネの進化に関連しては、東南アジアにおいて野生イネの多様性を調査することが多い。アジアにはルフィポゴンという野生種が生息し、そこから栽培イネであるサティバが成立した。この野生種、アジアだけにいるのかと思えば、なんとオーストラリアにまで生息している。

オーストラリアは、カンガルーを代表とする有袋類が進化した大陸としても知られている。エミューも、オーストラリアの固有種である。エミューの仲間には、アフリカのダチョウ、アメリカのレアなど近縁の仲間が散らばっている（写真11・12）。

イネは、固有種として、メリディオナリスが生息している。六〇万年前から二〇〇万年前にルフィポゴンから分化したものと推定されている。これは、オーストラリア大陸がニューギニアとともに南極を離れてアジアに向かいだしてから八〇〇〇万年ほどたったころである。イネは、アジアに近づいた大陸に、なんらかの方法で伝播したのであろう。なぜなら、ヒトがオーストラリアに渡ることができたのは、いまから五万年前とされているからだ。

2　乾燥と洪水に耐えるイネ

オーストラリアの野生イネを調査するために、現地の研究者と直接会って話を聞くことにした。手紙と電子メールで連絡をとって、現地に赴いたのは二〇〇八年五月。最初はクイーンズランド州の州都であるブリスベンに向かった。およそ一二時間のフライトだった。州の植物資源調査を担っているクイーンズランド・ハーバリウムのイネ科の専門家であるブライアン・サイモン氏に面会の約束をとりつけており、植物標本を見せてもらう

写真11　イネとカンガルー

写真12　エミュー

とともにイネの研究についてかんたんなプレゼンテーションをさせてもらった。いま思えば、ハーバリウムのことをあまり知らなかったので、かなり専門的なイネの研究についてしゃべりすぎたのかとも思う。その後、サイモン氏と彼の奥方とともに運河沿いのレストランにて昼食をともにしてよい時間をもつことができて、オーストラリアへの親近感をもつことができた。

次は隣の州、ニューサウスウエールズの大学に移動することとなっていた。サイモン氏に紹介していただいたのは、隣州でありながらクイーンズランド州の植物資源をふくめてDNAバンクをつくっているサザンクロス大学（日本語ではさしずめ「南十字星大学」）の研究所の教授ロバート・ヘンリー氏であった。彼の研究所では、オーストラリアの野生植物DNAの保存をすすめていた。

電車が通っていないため、長距離バスで六時間をかけての移動となった。ブリスベンのローマ・ストリート駅の階上から、南へ向かう長距離バスに乗りこんだ。途中、ロングビーチで有名なゴールドコーストを中継しての長い行程であったが、お昼のサンドイッチをほおばりながらの道中は景色もよく、楽しむことができた。

サザンクロス大学は、リズモアにある緑の森にかこまれた大学であり、その一角に植物資源センターがあった。同センターでポスドクをつとめるダニエル・ウオーター氏から同研究室の紹介をうけたのちヘンリー氏と面会して、野生イネ収集の協力を快く引き受けていただいた。やはり、親近感をもって接するといいことがあるようだ。これ以来、同氏とは六年越しのつきあいとなった。いまでも彼の自宅にうかがったり楽しい時間を共有することのできる、友人である。

ハーバリウム
植物の資料標本を収納し、それを使って多様な植物の種について研究をおこなうところ。

ポスドク
博士号を取得した後、特定プロジェクトに関わる経費で雇用される研究者。

翌日はいよいよケアンズだ。ケアンズは、有名な観光地グレート・バリア・リーフへの入り口ともなっており、観光客が多い街である（写真13）。朝早く空港に移動して、二時間ほど飛行機に乗る。

クライン氏に会うために、街から車で一〇分ほどのところにあるジェームズ・クック大学を訪ねた（写真14）。ちなみにこの大学の名前は、イギリスの極秘の任務で大陸探険をおこなったジェームズ・クック船長に由来する。その人物の名前が大学名になったのだ。南十字星もダーウィンも大学名になっているのだから、オーストラリアも割と茶目っ気がある。

さて、彼の研究室は、かつてマリーバ（ケアンズから西に六〇キロほど離れたところにある草原の町）にあったハーバリウムを元につくられたという。そのため、近辺のイネの標本も豊富にそろっており、それらのデータベースについての使用方法を教えてもらうことができた。いまや採取地のGPSが管理されており、地図上に位置を落とすことができる。

野生イネの生息分布地図をもらって、現在も生息しているかどうかを確認することにした。現地の植物標本を必要とするため、オーストラリア・クイーンズランド州環境省の許可を得ることをすすめられ、現地の保護官に連絡をとる手立てをつけてくれた。また、北部の植生のプロがいるというので、車で一時間ほど離れたマリーバの第一次産業局で植生調査をおこなっているジョン・クラークソン氏を紹介してもらった。人のつながりには感謝感謝である。

写真13　ケアンズ

写真14　ジェームズ・クック大学

ケアンズは海岸線に開けた低地であり、熱帯の気候もあってサトウキビが主要農産物となっている。ここから車で急な傾斜を登っていくと、台地の上にテーブルランドがひろがっている。自噴する井戸水を利用しての、コーヒー、マンゴー、サトウキビなどのプランテーションが盛んである。

マリーバにある第一次産業局の事務所を訪ねると、「いかにもフィールドを得意分野としているのだろうな」とうかがえる人物がいた。そのクラークソン氏は、何百種とあるユーカリ属の分類や植生調査をおもに担当する保護官である。北部のイネの調査についてうかがうとともに、かつてマリーバ周辺にも見られたというイネの情報を聞くことができた。

雨季にはフィールド一面が湖のようになるレークフィールドは、乾季には乾燥して干からびてしまう。雨季に現地にとりのこされる人たちは、小型機で物資を補給しながら生活しているのだという。気をつけなければならないのはワニ。オーストラリアにはクロコダイル種（アメリカではアリゲーター種）が棲んでいる。湖などの閉塞環境にいる淡水棲《たんすいせい》ワニは危険ではないが、海からあがってくる海水棲《かいすいせい》は凶暴なため、乾季調査でも屋外にはテントを張らないほうがいいとのアドバイスをいただいた。

さて、いよいよ予備調査開始である。ケアンズ近郊のテーブルランドの水路脇にあるという野生イネを探すが、一向に見あたらない。季節は五月下旬である。一年生も多年生もいるなら見つけられると思っていたのだが、サトウキビ畑をいくつもめぐって、水路脇の草むらを見ても、何もいなかった。かろうじて、マリーバ・ウエットランドとして知られている湖沼群のひとつに、ひとかたまりの多年生イネを見つけることができた（このあと

ジェームズ・クック船長
一七二八—七九。イギリスの海軍士官、海洋探検家。キャプテン・クックの愛称も有名。金星の皆既日食調査を名目に、いまのチリを訪れた後にタヒチ、ニュージーランド、ニューホーランド（現在のオーストラリア）をめぐって詳細な計測をおこない、地図の空白地帯を埋めていった。史上はじめて壊血病による死者を出さずに世界周航をなしとげたことでも知られる。

テーブルランド
オーストラリア・クイーンズランド州のケアンズから内陸部にかけては土地が隆起している。その傾斜地帯にたいして東側の海からの湿った風が常時雨をもたらすために、熱帯雨林を形成している。この地域を「テーブルランド」と呼ぶ。

数年通って、この池の周囲と、水路でつながっている隣のラグーンに大群があることがわかるのだが、このときはそのことを知る由もなかった)。四月から五月の上旬なら野生イネがいたるところに出てくるのだが、五月の下旬は季節的には遅かったのだろう。

ケアンズにあるホテルへの帰りがけに立ち寄ったアバトア環境公園は、バードウォッチングの小屋のある湿地帯である。ここにルフィポゴンがいることを聞いていたのだが、まさしく多年生イネを見ることができた。いずれも背が高く、穂が開いたアジアのイネそっくりのイネであった。ここからケアンズまで、一時間のドライブであった。

次の日は、三〇〇キロほど離れたクックタウンまで野生イネ探しのドライブと決めていた。近くにコンビニエンスストアがあるような場所ではないので、スーパーで買い物をする。ミネラルウォーターにビスケット、バナナ。これだけあれば一日はしのげるだろうとの読みである。

出発は日の出の直後と決めていた。朝六時にケアンズを出て、一路北へと向かう。車を運転しながらも左右に注意をくばり、野生イネを探す。アジアの各地でおこなった調査のなかで森島先生や佐藤先生に教えこまれて身につけたのは、「車で時速一〇〇キロで走っていても、野生イネを見つけることができる」技術だ。そう、「技術」といってしまっても過言ではないだろう。動体視力に加えて、イネの葉の色、開花期なら穂の形、生息してる環境そのものといった渾然一体としたものを認識しているのかもしれない。はじめて参加した若手研究者と調査に行ったときなど、イネがなくても水辺を見ると車をとめて探すということが何回もあった。時間は限られているし、どこにあるかはわからない、そのため、イネらしきものを見つけたときか、一時間に一回のドライバーのための休憩時には、

マリーバ・ウエットトランド
ケアンズから車で一時間ほど行ったテーブルランドにある湿地帯のひとつ。自然熱帯雨林の湿地帯を保護区として、官民が一体になって管理運営している。

ラグーン
沿岸の浅海の一部が、砂州、沿岸州、砂嘴《さし》などによって外海と切り離され、浅い湖沼となったもの。潟《かた》、潟湖《かたこ》とも呼ばれる。ウエットランドのラグーンは、灌漑用の水が窪地にたまってできた湖沼。

〝それらしい〟ところで車をとめてもいいよということになる。こうしたことをくり返しながら〝技術〟を身につけていくのだ。

オーストラリアの道路は、多くがガードレールもない舗装道路だった。もっとも、それ以上先に行くと舗装もない土を固めただけの道路が延々と続くことになる。乾季はユーカリと枯れた草の沿道を延々と見ていくことになる。雨季には通行どめとなるところがあり、そこから先は、地名にもなっているように、まさしくレークフィールド、レークランドとなる。ときおり峠があり、森を遠望できる場所がある。どこかにカンガルーがいるかもしれないと周囲を見まわすが、ただ木、木、木……の、枯れ果てたサバンナがひろがっていた（写真15）。一時間ほど走ると、ようやくガソリンスタンド、キャンピング地を兼ねた売店があった。小休止ができるようになっている。

ケアンズから三時間ほどで、レークランドに到着した。さらに二時間ほど走って、クックタウンという小さな港町にいたる。ここの植物園や近辺の草むらにはイネはなかったが、カンガルーを見ることができた。そして、やや内陸部の沿道にあった水たまりに、野生イネを見ることができた（写真16）。一年生と多年生が共存しているらしく、枯池周辺に枯れた野生イネが見られ、池周辺には開花している多年生と思われる野生イネが見られた。ＧＰＳデータで位置を記録して帰ることにした。

すでに午後をすぎていたので、帰路はビスケットの食事をとりながら車

写真16　一年生と多年生の混在するオーストラリアの自然集団サイト

写真15　クイーンズランド州の乾いた道路

を運転する。宿に着くころには、もう日が暮れていた。

夜、データ整理をしていて、たいへんなことに気づいた。なんと、ＧＰＳが荷物のなかにも車のなかにも見あたらないのだ。ひとりで調査をしていたため、現地に置き忘れたらしい。仕方なく、翌日も昨日まわったレークランドに再び行くことになった。帰国まで予備日としていたことが幸いした。

世界中に新型インフルエンザが発生しているときだった。ひとりでの行動だったため、万が一、新型インフルエンザに感染して高熱が出たときにも最低医療機関のあるケアンズにたどり着くための予防措置をとっていた。医療機関で、新薬として出まわりはじめていたタミフルを処方してもらってもいた。新薬の支払いは出張旅費に認められなかったため、自腹購入であった。その後もザックの予備ポケットに入れっぱなしで、今日にいたっている。

次の日も朝いちばんでの出発だ。調査地点と思われるところに車をとめて探したが、残念なことにGPSを見つけることはできなかった。雨季になると、大量の雨で流されてしまうことだろう。「いつか、再調査のときに見つかるかも」という淡い期待も先細りだ。いまだに見つけることができていない。カンガルーに蹴とばされているのだろうか。

その年、八月には本調査開始となった。先発隊として三名がケアンズに先入りし、調査許可書を作成していただいた環境省の女性スタッフのところに挨拶をすませた。その後、水や携帯食糧の買い出しをすませ、クライン氏に植物採取後の**標本プレス**を借りうけた。

その後、インドネシア調査を終えて調査に合流した二名を加えて、車二台、調査スタッ

標本プレス
植物標本を作成するための道具。新聞紙に挟みこんだ採取サンプルを木枠に挟みこんでプレスさせ、新聞紙を交換しながら数日かけて標本に仕上げる。

フ五名の調査隊を組み、行動開始となった。

今回は、現地の宿泊施設を車でまわりながら、レークフィールド国立公園を調査することになっていた。フィールドを移動しながら調査をおこない、道端でかんたんな調理をしながら、枯れ果てた一年生や乾季のわずかな水たまりに生息している多年生を見つけていった。

道路脇の小さな泉は、直径が五メートルほどの大きさしかないものの、そこには野生イネが生息していた。その後も何回か同じ場所を訪れているが、いままで研究者に知られていなかった新種であることがのちにわかった、多年生野生イネであった。

乾燥した草原では、枯れ果てたイネ科の植物に混じってミステリーサークルのように倒れた一群の枯れ草が見られた。近寄ってみると大量に種子が落ちており、一年生のイネであることがわかった。典型的なメリディィオナリスである。

これらの収集した標本は、ジェームズ・クック大学にあずけて帰国した。標本とともに集めた葉からＤＮＡを抽出し、一部はサザンクロス大学のＤＮＡバンクにあずけた。


のこった試料ＤＮＡを調査して、新たにわかったことがある。一種類だけだと考えられていたオーストラリアの多年生だが、じつは複数のタイプがあるということである。

それまで、オーストラリアでは、一年生であるルフィポゴンの親戚筋にあたるメリディィオナリスが乾季に種子で次代をのこしていくことが知られており、それ以外の多年生は、アジアで見られるルフィポゴンであるとされていた。しかし、調べてみるとふたつのタイプがあり、両者とも母親から受け継がれる葉緑体はメリディィオナリス型であった。このタイプはアジアに見られないことから、特殊な系統が進化したのだといえよう。それらのうちのひとつは核ＤＮＡがアジアのルフィポゴンと同じであり、もう一方はメリディオナリスに似ていた。後者は、外見的には一年生と類似しているものの、やや種子が大きく、乾季にも生きのこっていることが特徴である（写真17）。

二〇〇万年ほど前にアジアから伝わったイネの祖先種が、隔離された状態でアジア型とは異なる外観をもつ系統に進化し、やがて一年生と多年生にわかれたのだろう。別の環境に適応することで、異なる生きかたを身につけたのであろう。

アジアにのこっていた親戚筋の集団からルフィポゴンが侵入してきたが、アジアの集団は死に絶えてしまった。そのため、われわれがここで集めたイネと同じタイプのものをアジアでは見つけることができなくなってしまった。

そのことを実験的に証明する手段がある。「生物種」という概念にしたがうと、交配してその後に種子ができる子どもをのこせる場合は同種とされ、交配できてもその後の子どもができない場合は種として異なるほど進化したということになる。たがいの系統を交配してみると、オーストラリアの多年生のアジア型はアジアのルフィポゴンとのあいだで種子ができる子どもをのこせることがわかったが、メリディオナリスとは子どもをのこすことができなかった。一方、オーストラリア型の多年生は、アジアのルフィポゴンともメリディオナリスとも、子どもをつくることができなくなっていた。

写真17　オーストラリアの野生イネの種子。左から一年生、多年生の大型種子タイプ、多年生の小型種子タイプ。右端は、アジアの野生イネの種子

二〇一二年には、ヘンリー教授が移ったブリスベンにあるクイーンズランド大学セントルシア校でオーストラリア野生イネ会議が開催され、サイモン氏などと旧交をあたためながらその説を披露することになった。皆に興味をもっていただいたようであり、今後のオーストラリア野生イネの研究を発展させることを参加者一同で確認して、会議を終えることができた。

3 アジアとオーストラリアの接点——オーストラリア生態調査からわかったこと

オーストラリアには、アジアとはかなり遺伝的にかけ離れた野生イネが何度も押し寄せていったようだ。大陸が離れていたため、おそらく鳥が運んでいったものが現地に定着したのであろう。そして、乾燥した気候にあわせて進化したものが生きのこり、さらに水辺近くに生きのこったものが新たな進化をとげていったのではないかと考えられる。

今後、オーストラリアでは、現地機関によって広範な地域における野生イネの収集と解析がすすめられることになっている。ノーザンテリトリー準州や西オーストラリアの調査も、同国の研究機関なら円滑にすすめられることであろう。願わくは、アジアとの比較研究が、生態、進化、ならびにゲノム研究分野ですすみ、その成果が基礎研究やイネ育種に還元されることを期待している。

わたしたちは、これまで培ってきた生態調査から、オーストラリア野生イネの環境適応性の遺伝解析をすすめていくことによって関連するフィールド科学と応用研究との接点を探っていきたいと考えている。

Ⅸ　国際連携とフィールドワーク――国際間で協力する課題

野生イネは自然界に分布し、栽培イネは国境を越える。このように国を超えて生息する野生イネや栽培イネを研究するためには、国際的な提携が必要となる。異常気象も頻繁に見られることから、今後の食糧の安定供給のためにも、イネの研究は国際的なものになっていかなくてはならない。フィールドワークもしかりである。

材料がなくては研究がはじまらず、環境に適応する現地情報がなくては生態的な解析はおこなえない。フィールドに出てはじめてわかることをいかにラボワークに結びつけて応用研究につなげるかが、今後ますます重要になってくるだろう。

フィールドワークは、鋭い観察眼以外にも、非常時にたいする適応性、根気強く続けられる体力、さらに国際的な研究者ネットワークを形成するコミュニケーション能力が求められる。若い人の出番はいつでも求められている。

石川隆二（いしかわ・りゅうじ）

一九八五年の大学院一年生、二二歳のときがはじめての〝フィールドワーク〟だった。タイのバンコク周辺での野生イネの調査に同行して、調査隊のお手伝いをした。その後、自分が調査を企画して現地研究者と連絡をとり、東南アジアとオーストラリアの野生イネならびに在来イネの調査をしている。

＊　＊　＊

■わたしの研究に衝撃をあたえた本

『クック太平洋探検』（全6巻）、『マレー諸島』（上・下巻）、『いつもOryzaのそばにいた』

一冊と特定することはできない。『クック太平洋探検』『マレー諸島』の二冊は何回も読みなおして、観察眼の鋭さ、現地の、人との接しかたなどヒューマニティある行動力には感心する。また、『いつもOryzaのそばにいた』は、フィールドワークをおこなう研究者の人間性や〝「半自然」実験〟というフィールドワークを実験としてとらえていた視点などが強く印象にのこっている。

ジェームズ・クック著
増田義郎訳
岩波文庫
二〇〇四—二〇〇五年

『マレー諸島』
A・R・ウォーレス著
新妻昭夫訳
ちくま学芸文庫
一九九三年

『いつもOryzaのそばにいた』
森島啓子著
緑美術印刷
一九九八年

栽培イネと稲作文化

——佐藤雅志

Ⅰ　アジアでのイネの調査

ここでは、稲作調査の立案から成果の集積まで、具体的なすすめかたについて紹介する。

1　調査地域を決める

われわれのイネの調査は、まず対象となる地域を選び、決めることからはじまる。必要な経費を獲得するためには、予想される調査結果が学術的に有意義でなければならない。したがって、これまで調査されてこなかった地域、または先人が調査したけれど内容が不十分だった地域などを検討して決めていく。

検討のためには、できるだけくわしい情報資料を収集する必要がある。今日では、インターネット上のホームページにさまざまな公的研究機関が成果を発表しており、比較的容易にたくさんの情報が手に入るが、四半世紀前にはまだパーソナル・コンピュータもほとんど普及していなかったので、情報を入手するためには多くの時間と労を要した。知人をたよって調査対象国の研究者の紹介をうけたり、調査対象国からの留学生に相談したり、ときには調査対象国の大使館に出向いて情報を収集することもあった。

2　調査時期を決める

次に、調査時期を決める。一週間からせいぜい三週間という短期間の調査で十分な成果をあげるためには、迅速な移動が可能かどうかがいちばん問題になる。ことばを換えると、車などの移動手段が使えるか否かである。道路が舗装されていれば、多少の雨が降る時期でも移動が可能だが、整備されていない道路では、雨季にはぬかるんだり深い轍《わだち》ができていたりして、スムーズに移動できないことが多々ある。すなわち、雨の降らない乾季での調査時期を選ぶことが重要なのである。さらに、われわれの調査では、イネ遺伝資源――すなわち栽培されているイネ品種の種《たね》――を収集することも重要な任務だ。よって、調査時期は、イネ栽培の状態を把握できる時期であること、栽培されているイネ品種の種子を収集できる時期であることが、条件に加わってくる。われわれは、調査地域の収穫期と天候の推移に関しても情報を入手し、調査期間を決めていく。

3　調査前の情報収集が成果を左右する

イネ栽培地域や時期、天候、交通事情など多くの情報を入手し、調査地域および時期・期間を決めるだけではまだ不十分だ。調査の目的を十分に理解し、豊富な情報をもっている調査研究の協力者、または共同研究者を得ることが必要である。そのためには、準備期間のうちにさまざまなルートを使って調査地域の大学や研究機関の研究者を紹介してもらう必要がある。インターネットが使えなかった時代には、連絡手段は郵便か電話であったが、時間がかかってもどかしい思いをしたことが多々あった。協力者が見つかったときには、調査地点、調査ルートや宿泊地などの情報が入り、事前に調査旅程を詳細に決めることができた。調査地域の稲作に関する資料などをどの程度入手できるかが、短期間の調査では実りの多い成果となるか否かを左右するものとなる。

4 フィールドノートを用意する

調査には、調査項目などを一地点について一枚のシートに印刷したフィールドノートを持参した（図1）。フィールドノートには、最初に記載責任者名を記し、次にサイト番号（調査地点を区別するための番号）、調査日、調査地点を記す。そして、あらかじめ印刷されている栽培期間、施肥《せひ》、病虫害防除、除草、栽培しているイネ品種などを記入する欄に、農家の人から聞きとった内容を記載していく。地域によっては、年間の栽培回数が複数の場合もあるので、注意を要する。

収集したサンプルの種子については、宿舎に帰ってから、籾《もみ》の色、幅、長さに加えて、拡大鏡を使ってふ毛（穎《えい》——イ

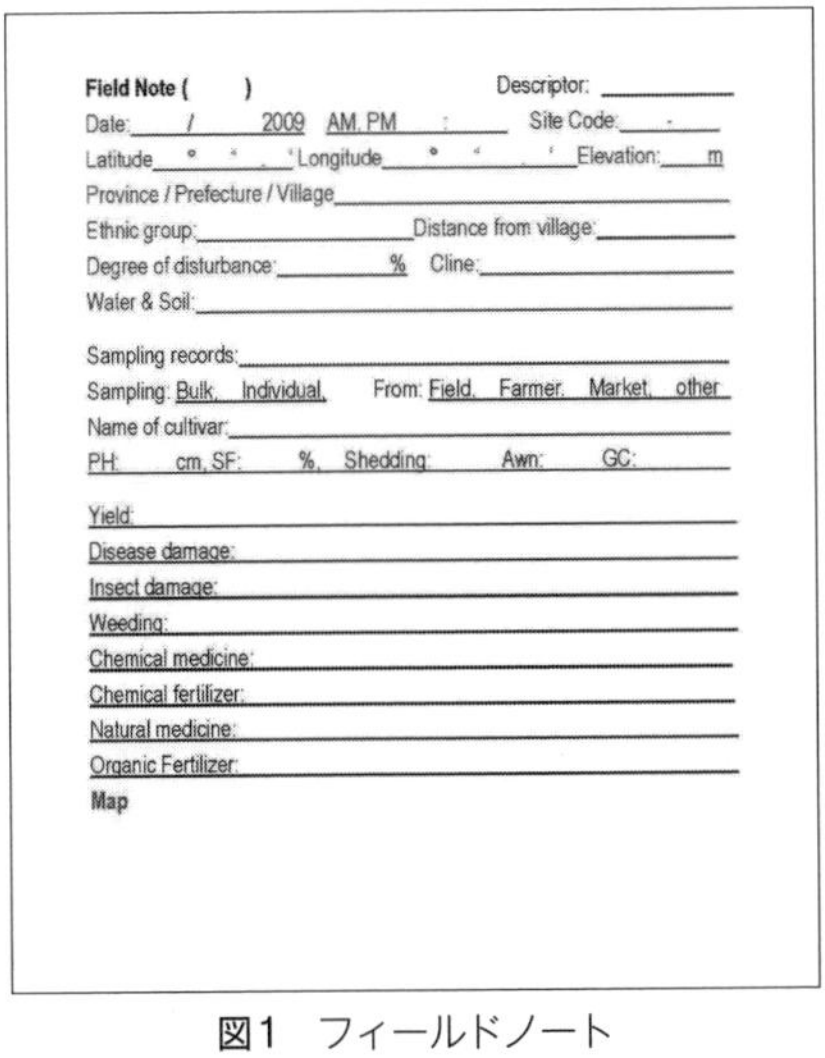
Field Note (　　)　Descriptor: ______
Date: ___/___ 2009 AM. PM ___:___ Site Code: ___-___
Latitude ___°___'___" Longitude ___°___'___" Elevation: ___ m
Province / Prefecture / Village ______
Ethnic group: ______ Distance from village: ______
Degree of disturbance: ______ % Cline: ______
Water & Soil: ______
Sampling records: ______
Sampling: Bulk, Individual. From: Field, Farmer, Market, other
Name of cultivar: ______
PH: ___ cm, SF: ___ %, Shedding: ___ Awn: ___ GC: ___
Yield: ______
Disease damage: ______
Insect damage: ______
Weeding: ______
Chemical medicine: ______
Chemical fertilizer: ______
Natural medicine: ______
Organic Fertilizer: ______
Map

図1　フィールドノート

ネ科の植物の小穂《しょうすい》に見られるウロコ状の苞葉《ほうよう》——の表面に見られる突出器官＝147ページ写真21参照）の長さなどを調べて記録する。これらのサンプルに関するデータを、農民から聞きとった品種名や栽培特性などを確認しながら記録していく。

5　調査の第一歩は、現地のことばでのあいさつ

短い時間での聞きとりをスムーズにすすめるためには、現地の農家の人に調査を理解してもらう必要がある。見知らぬ人が突然、自分の畑にドコドコと入ってきたら、だれだってかまえてしまう。最初に、現地の人とコミュニケーションをはかることがたいせつである。

わたしの経験では、畑に聞きとりできそうな農家の人を見つけたら、出かけるまえに教えてもらった現地のことばで、遠くから大きな声で「こんにちは」とあいさつすることがたいせつである。農作業をしている農民が、ふり向いてこちらを確認して、あいさつを返してくれたら、聞きとりはほとんど成功したと思っていい。そして、聞きとりが終わったら現地のことばで「ありがとうございました」とお礼を述べることを、忘れてはいけない。

収穫したイネ種子をわけてくれたり、長時間の聞きとりに協力してくれた農家のかたには、お礼として鉛筆やボールペンなど——子どもがいっしょにいたときには、お菓子——をうけとってもらう。そのほかに、インスタントカメラで撮影し、その場であぶり出された写真をお礼におわたしすると、いつも喜ばれる。とくに、お年寄りや赤ん坊を抱いたお母さんなどには、写真をおわたしするとお礼をいわれる場合も多く、恐縮する次第である。

6　聞きとり調査には、ことばの壁がある

海外での聞きとり調査のむずかしさは、ことばのちがいにある。ほとんどの地域では、農民への聞きとり調査は、現地の協力者や通訳を介しておこなうことが多い。少数民族の村の調査では、調査協力者や通訳もわからないそれぞれの民族特有のことばが使われている場合があるのだ。農民とわれわれに同行した通訳とのあいだに、さらに通訳を入れなければならない場合もある。

7　聞きとり調査には、観察も必要

収量について聞きとる場合にも、注意を要する。農民に限ったことではないが、見栄から多めに答えたり、税金対策からすくなめに答えたりすることがある。したがって、農民の答えと収穫時の水田のイネの実りの状態を見比べて、収量を判断することが必要である。さらに、日本では、収量を「一〇アールあたり玄米何キロ」と表すのが一般的だが、海外では「一ヘクタールあたり籾米《もみごめ》何トン」と表すことが多い。玄米収量は籾をとりのぞいたものなので、籾米収量よりも一〇パーセントから二〇パーセントほどすくなくなる。

8　短時間の調査では、チームワークが必須

聞きとり調査のまえには、質問項目に関して協力者や通訳と十分に打ちあわせをする必

要がある。協力者や通訳が質問事項の用語を理解しているとは限らないからだ。また、質問される農家の人が用語をすべて正確に理解できるとも限らない。たとえば、イネの葉を食べる虫がいても、減収を招くほどでなければ、それは害虫ではない。葉に病兆が表れていても、減収を招かなければ病害ではないのである。したがって、地域によっては農民が害虫や病害の概念をもたない場合があることを知っておく必要がある。

短い時間での聞きとり調査では、われわれは三人から四人の調査チームを組織する（これまでの経験から、これよりも人数がすくなくても多くても、成果はあげられない）。そして、農民から調査項目を聞きとる者、畑をまわってイネ種子を採集する者、調査地点の位置や地形などを記録する者と、手わけして調査にあたる。また、一日の調査が終わったら、夕食のまえに、聞きとった情報や採集した種子などをもち寄って、情報交換のためのミーティングをおこなうことも必要である。とくに、一日のなかで複数の調査地で短時間の調査をこなしたときには、記憶が新鮮なうちに情報交換して、調査結果や材料を整理しておかなければならない。怠けて数日分の情報交換をやろうとすると、往々にして、調査地の記憶やサンプルが重複したり、とりまちがえたりすることになる。

9　観察眼を養う

一日に調査できる調査地点は、せいぜい四、五か所である。大まかな調査地点は、事前に訪問先の研究機関や共同研究者から情報を入手しておくのだが、具体的な調査地は、現地で自分たちの目で見て、移動する車のなかから、あるいは歩きながら、的確に決めなければならない。そのためには、長年の経験を積み重ね、観察眼を養う必要がある。先に述べた収量に関しても、穂が実っている水田を確認できる場合には、農民が答えて収量が当を得ているものか否か、稲株の穂首《ほくび》の部分を手で握ったりして自分の観察で判断することも必要である。品種、草型、水田の土質、とりまく栽培環境などについても、短時間に把握するためには、ふだんから観察眼を養う必要がある。

観察眼を養うためには、先人の講演を聞いたり文献を読んだりして、情報を自分のものにすることがたいせつである。フィールド調査に参加する機会を得て、観察眼を養うこともたいせつである。

10　調査成果の公表

一連の調査が終了したら、その成果を調査報告書、学術論文、著書などにまとめて公表する。これで、調査は一段落ということになる。

海外での調査報告書は、現地の共同研究者や調査協力者にも読んでもらえるように、英語で記載することが基本である（写真1）。調査で収集してきたイネ系統については、それらの環境適応や系統分化過程などに関わる性質（低温下における生長、薬剤への反応、長日および短日条件下での穂が出るまでの日数など）、モチやウルチなどの特性や系統分化に関わるＤＮＡ配列やマーカーについて、実験室において解析することになる。

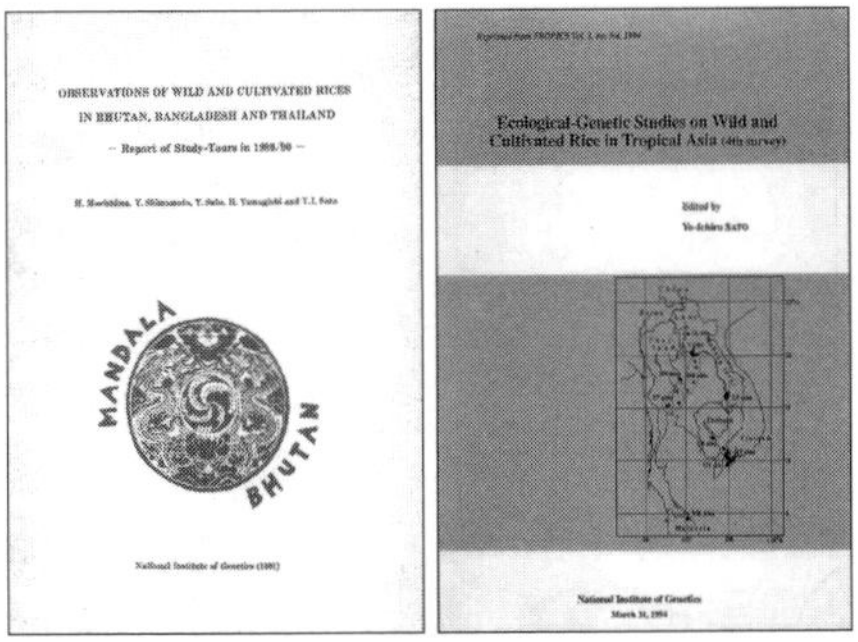

写真1　調査報告書（左はブータンおよびバングラデシュに出向いたときの調査報告書、右はラオスに出向いたときの調査報告書）

調査で収集した情報やイネを用いた研究で新しい知見が得られたら、その成果を科学雑誌に学術論文として公表するという段階にすすむ。

さらに、関係する研究者に限らず、一般のかたがた――とくに将来を背負う若いかたがた――に調査を理解してもらうために、これらの成果を本にまとめることも、任務である。報告書、論文、著書だけでなく、得られたデータはデータベースとしてひろく閲覧できるように、インターネット上に公表することも必要になる。

11　採取した種子は、遺伝資源

採集したり農民からわけてもらったイネ種子は、調査対象となった国のイネ遺伝資源である。調査が終わると、フィールドノートに記載された結果もつけて、その国の研究機関に提供する。各国では、作物をふくめて遺伝資源に関する法律が制定されており、手続きをふまず、承認を得ないで国外に作物や植物の種子をもち出すことは禁止されている。また、植物防疫や外来種の進入を防ぐために、植物種子や植物体のもちこみを禁止している国もあるので、注意されたい。

II　ブータンの稲作

ところで、わたしが東南アジアの稲作を調査することになったのは、国立遺伝学研究所の森島啓子《もりしまひろこ》先生（故人）が、科学研究費・海外学術研究で「熱帯アジア地域におけるイネ遺伝資源の生態遺伝学的調査」を企画していると、佐藤洋一郎先生に聞いたことにはじまる。森島先生は、アジアの野生イネの分化を精力的に研究されていた。佐藤先生も、国立遺伝学研究所で栽培イネの日本への伝搬経路などについて研究されていた。

わたしはさっそく、森島先生に手紙を書くことにした。その手紙には、「わたしは、**アジアの栽培イネ**の特性に興味をもち、それらの特性について研究をすすめています。原産地でどのように栽培されてきたかを知っておくことは、特性を研究していくうえで必要であると痛感しています」と書きしたためた。手紙の最後には、「ぜひ、調査に同行させていただきたい」と綴った。

遺伝学研究所の研究会や学会で面識があったことが幸いしてか、先生はわたしの申し入れを快くうけてくれた。これが、わたしが一九八九年から約四半世紀にわたって東南アジア地域のイネ遺伝資源の調査にたずさわるようになったきっかけである。

1　最初の調査は、ブータン王国のパロからはじまった

一九八九年一〇月に、ブータン王国のイネ遺伝資源調査に参加する機会を得た（図2）。二〇一一年に国王がお后《きさき》と東日本大震災の見舞いに来日されたこともあって、今日では、ブータン王国はわれわれにとっても身近な存在となった。しかし一九八九年当時、ブータン王国のことを知っている日本人は、ごく一部の人をのぞいてほとんどいなかった。わたしも、ブータンは「ヒマラヤの山麓に位置し、王様が君臨している、神秘な国」というぐらいの認識しかなく、そこで稲作がおこなわれているとは、思ってもいなかった。

アジアの栽培イネ
世界で栽培されている栽培イネには、学名がオリザ・サティバと呼ばれるアジアの栽培イネと、オリザ・グラベリマと呼ばれるアフリカの栽培イネがある。アジアの栽培イネは、ひろく世界じゅうで栽培されているが、アフリカの栽培イネは西アフリカの限られた地域でしか栽培されていない。アジアの栽培イネはまた、おもに気温の低い地域で栽培されてきた日本型イネと、気温の高い地域で栽培されてきたインド型イネとにわけることができる。

一〇月二四日に成田から出国。経由地であるタイの首都バンコクで一泊して、翌二五日の朝、五〇人ほどの乗客を乗せた最新鋭の小型ジェット機でブータン王国に向かった。

　バングラデシュの首都ダッカで給油した小型ジェット機は、谷の傾斜面で農作業をしている人びとのしぐさが確認できるほどの高さまで谷間に降下し、谷に沿って右に旋回、左に旋回をくり返しながらさらに高度を下げ、パロの国際空港に着陸した。亜熱帯地域に位置していても、標高二〇〇〇メートルを超える地の一〇月の末は寒いほどであったことを覚えている。

　パロの国際空港では、ブータン旅行公社のガイドが待っていてくれた。

2　標高二〇〇〇メートルを超える地では、苗に雪が積もる

　到着した日、海外協力隊の農業専門官としてブータンに新しい農業をひろめようとしていた西岡京治《にしおかけいじ》氏（故人）に会った（西岡氏には、準備段階でも、調査の手続きや調査地情報の入手などでお世話になっていた）。

　西岡氏は、組織培養によってリンゴの苗を無菌的につくっている施設を案内してくれた。無菌培養によって増殖し、標高の高いブータンで育成された苗は、病原菌に冒されていないのでインドなどに高く売ることができる。彼は、これがブータンの新たな産業になると、熱心にわれわれに話してくれた。

　パロからさらに標高の高いところに水田があるとの情報を聞いて、次の日、さらに北に

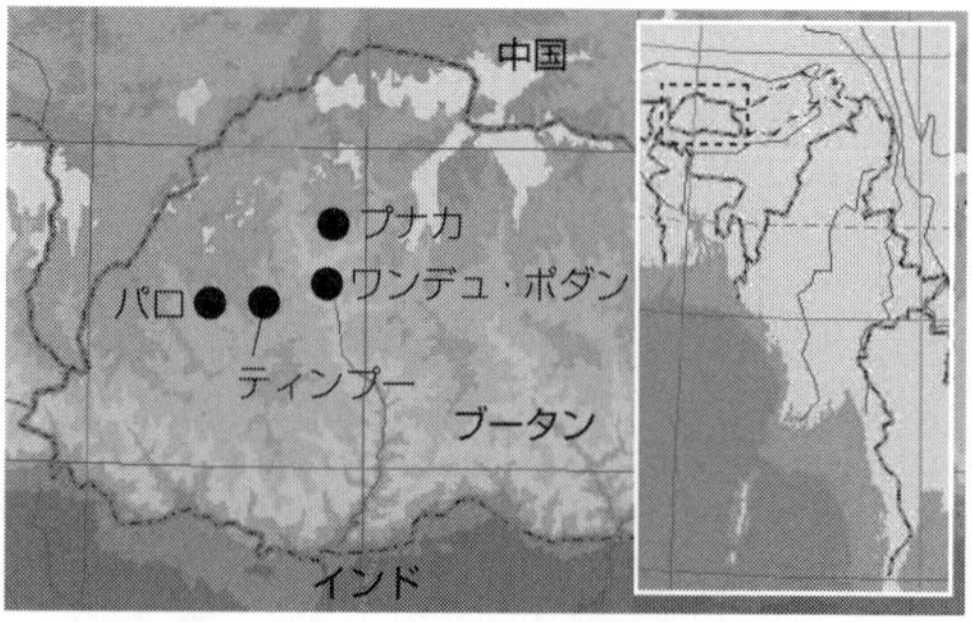

図2　ブータンの調査地

西岡京治
一九三三―九二。一九六四年に海外技術協力事業団（現・国際協力機構／JICA《ジャイカ》）から農業指導専門家としてブータンに派遣され、高収量コメ品種、換金作物、農業機械の導入などをすすめる。ブータンの

二一キロほど登った。その水田は、標高二六〇〇メートルの谷間に山からの水をとりこんだ棚田であった（写真2）。「水田につくった苗床にイネの種をまくのは二月。標高が高く冷涼なこの地では、四月の田植えまでに、年によっては苗の上に雪が積もることもある」と、農民は答えていた。このような環境下で栽培されているブータンの栽培イネには、低温耐性のすぐれた資質がふくまれていることが期待され、日本にもち帰ることにした。

もち帰ったブータンのイネについて、苗の時期の低温耐性を、ベンガル地域のイネと比較することにした。インド原産のイネのなかには、一五度以下の低温下で生育させていると、低温による障害である葉身が白くなるクロロシスや、葉身が褐変して枯れてしまうネクロシスが観察された（写真3）。しかし、ブータンのイネには、これらの低温障害は認

農業発展への貢献が評価され、一九八〇年にブータン国王から「最高にすぐれた人」を意味する「ダショー」の称号を授与された。

写真2　標高2600メートル地点の水田でも稲刈りがおこなわれていた（1989年、パロ郊外）

写真3　栽培イネの比較。右はブータンのイネ、中央および左はベンガル地域のイネ。ベンガル地域のイネからは低温時にイネに障害を起こすクロロシスやネクロシスが観察されたが、ブータンのイネには低温障害は認められなかった

められなかった。

3 ブータンのイネは稈《かん》が長かった

首都のティンプーへは谷底の川沿いの道を、ワンデュ・ポダンへは途中でドチュラ峠を越える道を、プナカへは谷沿いの斜面に張りついている道を、道沿いの水田を調査し、イネ種子を採集しながら移動した。

谷の斜面につくられた棚田では、農民がちょうど実ったコメを収穫しているところであった。化成肥料を投入していないこともあって収量は一ヘクタールあたり籾米二トン程度と今日の日本のコメの収量（約五・四トン）に比較するとすくなく、草丈は高かった（写真4）。穂についている籾粒の数がすくないので草丈が高くても倒れないが、肥料を入れて大きな穂にすると、草丈が高いものは倒れやすく、減収になる（ただし、籾粒をはずした柔らかく長いワラは、さまざまな生活の材料として利用することができる）。

近代イネ品種は、豊かな穂をつけても強い風が吹いても茎が折れて倒れて減収にならないように、イネの株元から穂までの長さ（稈長《かんちょう》）が短く、丈夫に改良されている。稈が長いブータンのイネは、古いタイプのイネであった。

もち帰ったブータンのイネを、十分な肥料をあたえて温室で栽培してみた。穂が出はじめた九月末には二メートルを超えるまでに稈が長く伸びる品種があることを確認している。

写真4　肥沃とはいえない水田でも、イネの草丈は高かった（1989年、プナカ郊外）

4 ブータンのイネは、脱粒《だつりゅう》しやすかった

刈りとったイネは、束にしてひろげたゴザにたたきつけるか、ゴザの上で踏んで脱穀《だっこく》していた（写真5）。脱穀した籾粒は集めて袋に入れ、家にもち帰る。このような脱穀の方法は、穂から籾粒がはずれやすい性質――すなわち脱粒性――があるから可能なものである。新しいイネ品種の導入についてのわれわれの質問に、農民はゴザの上で穂を素足で踏みながら、「新しい品種をこうやって脱穀していたら、足の皮がむけちゃうよ」と答えた。風などに吹かれて穂がたなびいたときに穀粒が穂から離れ落ちて収量がすくなくなるのを防ぐために、近代イネ品種は粒が離れにくく改良されている。脱穀には、千歯扱《せんばこ》きや脱穀機を使わなければならない。穂から離れ落ちやすいブータンのイネは、ここでも古いタイプのイネであった。

写真5　ゴザの上で穂を踏みつけて脱穀していた（1989年、ワンデュ・ポダン）

5 ブータンの人は、赤米《あかまい》を好んでいた

ティンプーのホテルの夕食に、皿にのった赤米が出てきた。赤米といっても、芯まで赤いわけではなく、玄米の表面（種皮の部分）だけが赤色をしていた。おなかの掃除になるということで、ブータンの人びとは週に一、二回、健康のために赤米を好んで食べるのだそうだ。ただ、わたしには、正直なところおいしいといえるものではなかったが……。

ひろく栽培されている近代イネ品種のコメの色は白い。多くの国で近代イネ品種が導入

され、栽培されるようになっていた一九八〇年代、ブータンで栽培されていたイネは、栽培期間が半年以上と長く、脱粒しやすく、稈が長く、赤米と、古いタイプのイネであった。ただし、ワンデュ・ポダンにある農業試験場を訪問してみると、国際イネ研究所が育種した新たなイネ品種の栽培試験がおこなわれていた（写真6）。

6　二二年後の調査

二〇一一年九月、わたしは、ブータンの農と食の調査のために、二二年ぶりにパロの国際空港に降り立った。二二年前には空港施設以外何もなかった谷底の空港のまわりには、三、四階建ての建物がところ狭しと建っていた。首都ティンプーまでの道沿いの水田には、近代品種が整然と植えられていた。ビデオショップがめずらしかった二二年前のティンプーの街はそこになく、車がひしめき、ビルが乱立する街に変わっていた。街中には日本や欧米の街と変わらないオーガニック野菜や食品を売りものにした店も開いていた（写真7）。店のショーウインドウには、日本の店でも目にするカラフルにパッケージされた食料品がならび、ブータンでも食のグローバル化が拡大していた。首都ティンプーの人口はブータンの人口の一〇パーセントに達し、なお増え続けていると聞いた。

ワンデュ・ポダンにある農業試験場を訪ねてみた。二二年前に近代イネ

写真6　近代品種の導入試験がおこなわれていた（1989年、ワンデュ・ポダン）

写真7　有機野菜を看板にしている店があった（2011年、ティンプー）

品種の導入試験をおこなっていた小さな水田の面影はなく、複数の水田を使って、肥料や農薬を用いた近代品種の施肥効果を調べる栽培試験がおこなわれていた（写真８）。

調査を終えて出国する前日（九月一八日）の夕方六時四〇分、ブータンではめずらしく大きな地震に襲われた。夕食に出かけるためにホテルの三階の部屋で準備をしていたわれわれにとって、その地震は三・一一の東日本大震災を思い起こさせる揺れであった。震源は、インドのシッキム地方だと聞いた。日本には詳細は報道されていなかったが、ブータンではこの地震によって道路の崩壊や建物の損壊が多々あったという。

われわれの調査地域は、ジャングルの奥地や南極などのように危険なところではないものの、不時の事故にそなえて緊急連絡体制などをしっかりと整えてから出向くことがたいせつである。調査は、ときとして「探検」ではあるのだが、けっして「冒険」ではないのである。

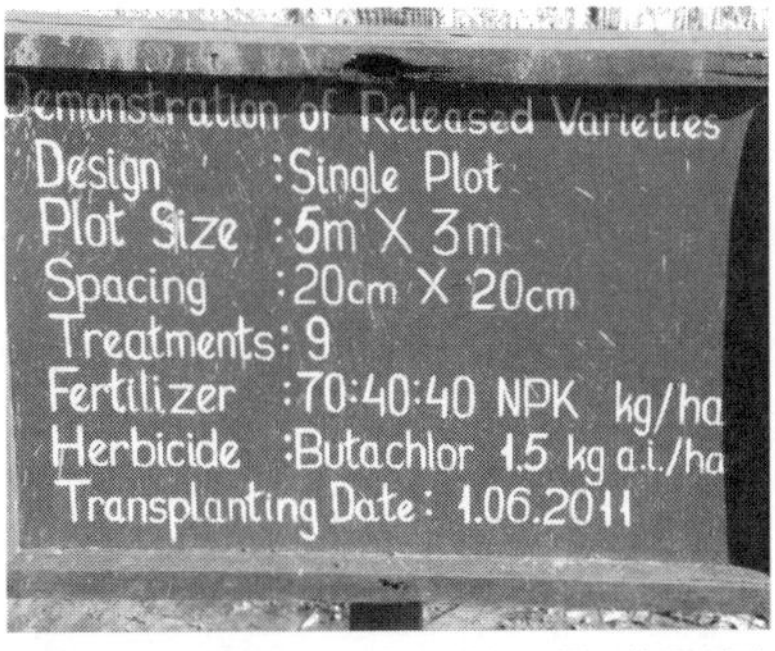

写真８　農業試験場では、近代品種の施肥試験がおこなわれていた（2011年、ワンデュ・ポダン）

ブータンではめずらしく大きな地震
二〇一一年九月一八日、インドのシッキム地方を震源とするマグニチュード六・九の地震が発生した。ブータンには大きな地震がほとんどないために家屋の耐震性は弱く、幸いなことに死者は出なかったものの、この地震によってブータン西部では家屋、道路や寺院などが多数損壊した。

Ⅲ　バングラデシュ・デルタ地帯の稲作

一九八九年一二月に、バングラデシュのイネ遺伝資源調査に参加する機会を得た（次ページ図３）。ベンガル地域のイネは、栽培イネの系統分化に関する研究、低温や冠水などの環境ストレス耐性の研究、出穂時期を決める日長反応性の研究などさまざまな研究に使われてきた。そのさまざまな研究に使われてきたイネの栽培環境を調べるのが、この調査の目的であった。

1 大河デルタにひろがる稲作地

バングラデシュの国土の大部分は、ヒマラヤを源とするガンガー（ガンジス川）とチベットを源とするブラマプトラ川がつくる、広大なデルタである。雨季の終わりには、国土の三分の一が一メートル以上の水におおわれるともいわれている。

北海道とほぼ同じ面積の平坦《へいたん》な低地に、日本の全人口を超える数の人びとが、このデルタで栽培されたコメを主食としながら生活している。川によって運ばれてきた泥水にふくまれる養分が、この地のイネ栽培を支えてきたのだ。

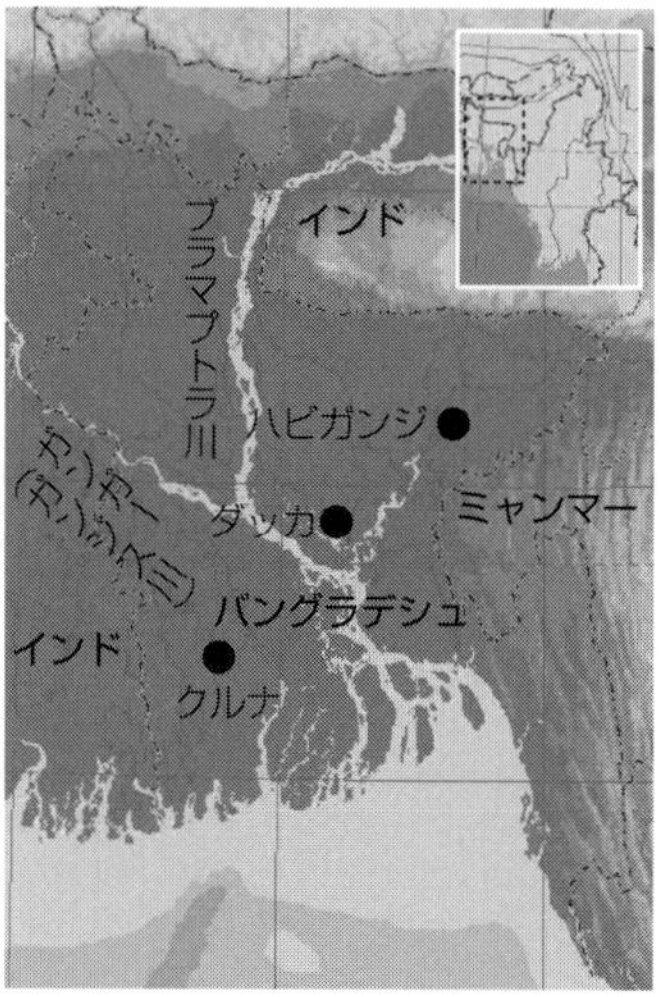

図3　バングラデシュの調査地

以前（一九八九年一〇月末）ブータンの調査に向かう飛行機がバングラデシュの首都ダッカの国際空港に立ち寄ったときには、飛行機の窓から見えるダッカの周辺は、川の氾濫による水位の上昇によって、まるで湖のようであった。

環境ストレス耐性
イネの生育が脅かされるほどの低温や、塩害などの環境下でも生育できる能力。イネの系統によって、弱かったり強かったりする。

日長反応性
日長の長さによって穂（花）の形成が支配される性質のこと。短日性植物であるイネは、日長が短くなると穂を形成しやすくなる性質をもっている。熱帯地域に栽培されてきたイネのなかには、とくにこの性質が強いイネがある。

2　水路にかかる太鼓橋

われわれは、最初に首都ダッカにあるバングラデシュ・イネ研究所を訪問し、調査について改めて説明して協力をとりつけ、イネ遺伝資源研究に関する情報を入手した。調査には、ドライバーつきの車とイネ研究者が同行してくれることとなった。

車の故障、道路の状態、それにともなう迂回、渋滞やフェリーの利用などにより、計画どおりの時間で移動することがむずかしい場合が多々ある。タイでは、「いくらかわいいからといって、子どもの頭を手でなでてはいけない」と注意されたことがある。頭に精霊が宿ると信じられているからだと聞いた。新たな調査地域を調査するときは、調査地域の道路状況や文化などについて、まえもって情報を入手しておくことがたいせつである。

われわれは、ダッカから車で北東のハビガンジに向かった、車を降りて水田脇の道——水がひいたあとでカラカラに乾き、デコボコになった道——を一〇分ほど歩くと、幅一〇メートルほどの水路にかかる、見上げるほどの高さの太鼓橋が見えてきた（写真9）。われわれは、水路をわたるために、太鼓橋を登って下りなければならなかった。同行していた研究協力者の説明では、この地域では、八月末から一〇月のはじめまで、あの太鼓橋の高い部分にまで水位が達するのだという。見上げるほどの高さの太鼓橋は、水没を逃れるためのものであった。

写真9　デコボコの農道の先には、用水路に太鼓橋がかけられていた（1989年、ダッカからハビガンジへの道沿い）

3　洪水と浮きイネ

バングラデシュが位置するベンガル地域では、五月から九月までが雨季、一〇月から翌年の四月までが乾季となる。

八月に入るとガンガー、ブラマプトラ川の水位が上がりはじめ、水田の水かさも一日に数センチずつ上昇して洪水状態となる。氾濫水の水位が六メートルにも達するところがあるという。

しかし、川が氾濫する時期においても、洪水にあっても収穫できるイネが栽培されてきた。そのイネは、三月から四月にかけて植えられ、氾濫水の水位の上昇にともなって葉身の先端が水面上に出るように節間《せっかん》が伸長するのが特徴である。氾濫水の水位が数メートルに達すると、イネがまるで水に浮いているように見えるので、「浮きイネ」と呼ばれている（写真10）。

一〇月に入ると、水位は低下しはじめる。水位の低下にともなって、伸長した茎はじょじょに地面に横たわり、幼穂が形成される。一一月になると、茎は先端の節から上方向に伸長しはじめる。直立した茎から穂が出て、コメが実るのである。水がひいたあと、まだぬかる水田で、実ったイネが収穫されていた（写真11）。

写真11　水がひいたあとに、浮きイネの収穫がおこなわれていた（1989年、クルナ郊外）

写真10　水が増えた水田でも、浮きイネは育っていた（撮影：佐藤洋一郎氏）

4　浮きイネ地帯では、イネは二回収穫される

この浮きイネは、収穫までに八か月もかけて栽培されている。一一月から一二月にかけて収穫されるイネ品種は「アマンイネ」と呼ばれている。アマンイネと同じ時期に種まきされるものに、「アウスイネ」と呼ばれるイネがある。アウスイネは、八月に収穫される。浮きイネ地域では、アマンイネとアウスイネとを同じ水田に混植して栽培することがある。水位が上昇しはじめるまえの八月に、はやく実るアウスイネを収穫し、水がひいた一一月から一二月に、遅く実るアマンイネを収穫する。日本では、はやく実るイネ品種を総称して「早稲《わせ》」と呼び、遅く実るイネ品種を「晩稲《おくて》」と呼んでいたが、このアマンイネやアウスイネは、日本で早稲と晩稲とにわけるときにつける呼称と同じである。

5　イネは年間をとおして、収穫されている

ベンガル地域では、ほとんど年間をとおして、どこかでイネが植えられ、どこかで収穫がなされている。われわれが調査に入った一二月にも、イネの収穫をしている水田の脇の水路では、イカダを浮かべて苗が育てられていた（写真12）。三月から四月にかけて植えられ、六月から八月にかけて収穫されるアウスイネ、一一月から一二月にかけて収穫されるアマンイネのほかに、一二月から一月にかけて植えられ、三月から四月にかけて収穫

写真12　水路に浮かぶイカダでは、苗が育てられていた（1989年、クルナ郊外）

されるボロイネがある。このときの調査では新たに、一月から二月にかけて植えられ、一二月に収穫されるラヤダイネ、四月に種をまき、九月から一〇月にかけて収穫するアシナイネがあることを確認した。アウスイネやアマンイネは、それぞれの地域の灌漑《かんがい》などの栽培環境によって移植栽培や直播《じかまき》栽培がおこなわれていることもわかった。

国土が北海道ほどの面積のバングラデシュに、日本の全人口を超えるほど多くの人びとが暮らすことができた要因のひとつには、さまざまな栽培環境に対応した稲作方法とイネ品種を選び、継承してきた人びとの、「知恵」があげられる。

6 乾季栽培の拡大

ベンガル地域では、乾季栽培がひろがっていた。過酷な労働を必要とする「浮きイネ」の栽培が農民から敬遠されてきたことと、高く売ることができる換金性の高い、乾季栽培に適した改良品種の栽培がひろがり、「浮きイネ」栽培面積は縮小しているといわれていた。雨季に栽培されるアマンイネでは約三〇パーセント、アウスイネでは約二〇パーセントが高収量イネといわれていた近代品種におき換わったにすぎなかったが、乾季に栽培されるボロイネでは、じつに八〇パーセントが近代品種におき換わっていた。近代品種の乾季栽培がひろがりはじめていた。

ガンガーやブラマプトラ川から灌漑水をとりこむことができない水田で乾季栽培を可能にするためには、井戸水を利用することが必要である。

写真13　用水路から、人力で水を水田にくみあげていた（1989年、ダッカ郊外）

一九九〇年代後半には、井戸水を灌漑水として用いたことにより、そこにふくまれるヒ素による水田の汚染が、一部の地域で問題となった。

7　一二三年後の調査

最初の調査から一二三年後の二〇一二年三月、バングラデシュの農と食に関する調査に参加することができた。一二三年前に水田にかこまれていたダッカ国際空港の周囲にはビルが建ちならび、田舎道のようだった空港から市街地までの道路は、広い舗装道路に変わっていた。ダッカ市街には高層ビルが乱立し、高速道路の建設もはじまっていた。

ダッカから北西二〇〇キロのところにある街クルナの周辺を調査した。出穂まえのイネが整然と植えられている水田では、灌漑水を地下からくみあげる大型ポンプのエンジン音が鳴り響いていた（写真14）。近代イネ品種の乾季栽培が定着していた。

水田のあちこちに、高さ二メートルほどの十字架状の木が立てられていた（写真15）。農民は、「木を立てておくと、鳥がきてとまり、糞をする。それがイネの養分になる。それに、鳥は害虫を食べてくれる」と教えてくれた。バングラデシュでも、化成肥料や農薬の使用量をすくなくするか用いない、環境にやさしい稲作が試みられつつあった。

写真15　木の棒で無造作につくられた十字架状のとまり木が立てられていた（2012年、クルナ）

写真14　ポンプが水田に地下水をくみあげていた（2012年、クルナ）

Ⅳ　ラオス北部の稲作

一九九一年一一月に、ラオスのイネ遺伝資源調査に参加する機会を得た（図4）。タイの首都バンコクからラオスの首都ビエンチャンまで、飛行機で一時間ほどで到着した。飛行機を降りると、内陸の乾燥した澄んだ空気と、肌にチクチクとささる日差しがとても印象的であった。当時のビエンチャンは、首都といっても、車もすくなく信号もない静かな街であった。事前に入手していた旅のガイドブックには、ラオスの人びとは素朴で礼儀正しいので、観光客であっても長い髪や肌を露出するような服装は控えるようにと書いてあった。われわれは、ラオスの野生イネと、北部地域で栽培されているイネを調査した。

1　山肌に開墾された焼畑

ビエンチャンからラオス国内航空のプロペラ機で一時間ほど。北部の古都ルアンパバーンに到着する。飛行機が着陸に向けて高度を落としはじめると、山肌に描かれた緑の濃淡のパッチワーク状の模様が見えてくる。これが、モン族、ラーオ族などと呼ばれる少数民族が陸稲を栽培している焼畑である（写真16）。

今日では、ルアンパバーンは世界文化遺産に指定され、国際的な観光地になっているが、当時われわれが調査に出向いたときには、古都であったこともうかがうことができないほ

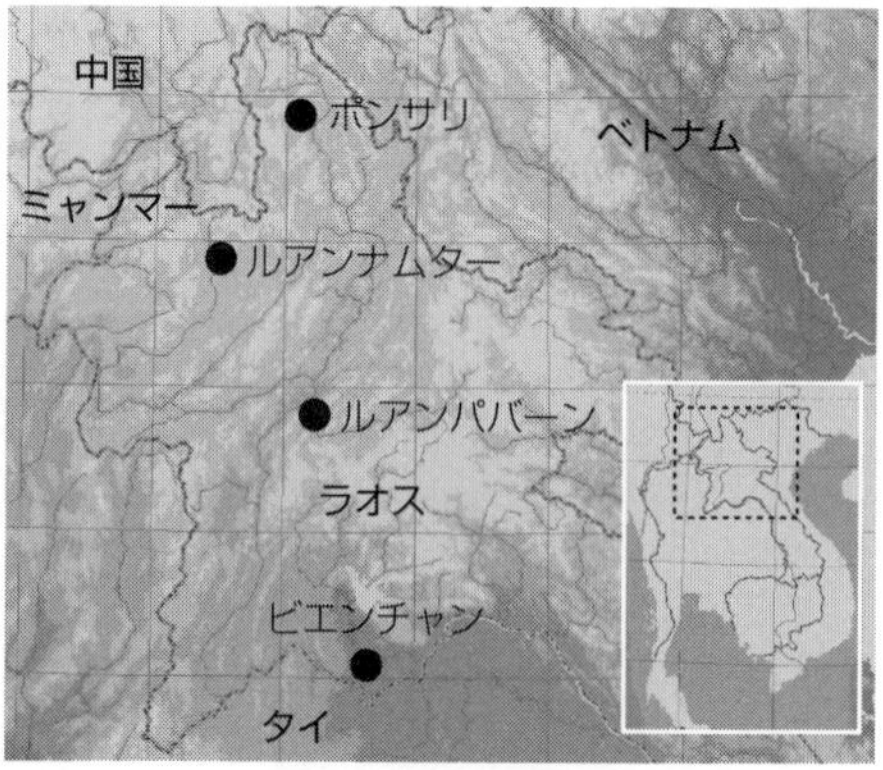

図4　ラオス北部の調査地

ど静かな街であった。

ロシア製の、タイヤの直径が二メートル近くもある払いさげられた軍用トラックの荷台に乗って、われわれは焼畑の調査に出かけた。乾燥した轍《わだち》で大きく揺られながら一時間ほど山道をすすむと、山肌に開墾された焼畑が見えてきた。

2 長い休閑期間と短い栽培期間

「焼畑」とは、草木を焼きはらった土地で数年間イネを中心に作物を栽培したのち、七年から一〇数年の休閑期間をおき、再生した森を再び利用して作物栽培をくり返す在来農業である。森が再生するまで長い休閑期間をおく伝統的な焼畑は、日本をふくめ、東南アジア、北欧やアフリカまでひろく世界じゅうで営まれていたが、今日では、ラオスやミャンマーの北部地域など、限られた地域で営まれているにすぎない（次ページ写真17）。

この地域の雨季は四月から一〇月まで、乾季は一一月から三月までである。

乾季に入ると、農民は焼畑にする山の斜面に生い茂っている樹木を伐採し、草を刈りはらう。伐採といっても、熱帯雨林を伐採して商業目的の畑（すなわちプランテーション）を開墾するときのように、樹木の根まで掘り起こすことはしない。一部の木は枝をはらうだけにとどめてのこすのだ。切り株をのこすことで、株からの樹木の再生をはやめ、雨による表土の流出を防ぐためである。

写真16　パッチワーク状の焼畑が飛行機の窓から見えた（1991年、ルアンパバーン郊外）

乾季のあいだに、伐採した木や刈りはらった草を乾燥させ、雨季がはじまるまえに、それらに火を放って焼きはらう。焼きはらうことで、害虫や病原菌を駆除するとともに、のこった灰を養分として作物を育てるのである。

山の斜面につくられた焼畑には、小さな出づくり小屋が建てられている。小屋は、種まきや草とり、収穫といった農作業のときの休憩に利用したり、農具や収穫物を保管するために使われる。出づくり小屋の近くには、カボチャ、ウリ、ゴマやトウガラシなど、さまざまな作物が栽培されているのを、よく見かける（写真18）。また、実りを祈願するための黒米が小屋のまわりに植えられているところもあった。

焼きはらって二、三年して雑草が増え、イネ栽培がむずかしくなったために放棄した焼畑には、染めものの染料となるカイガラムシが住みつく、キマメというマメ科の潅木が植えられるところもある。

写真17　つらなる山々の山肌には、焼畑がひろがっていた（1991年、ルアンパバーン郊外）

写真18　焼畑の片隅にはカボチャが実っていた（1998年、ルアンナムター近郊）

3　穴まきで大きな穂が実る

焼きはらわれた焼畑は耕さず、棒をさして深さ五センチから一〇センチほどの穴をあける。そのなかに陸稲の種子を五～一〇粒入れ、土をかけてふさぐと、種まきは終了する。この穴まきは、ネズミなどにイネ種子が食べられないようにする「知恵」である。雨が降り、土壌が湿ってくると、種子は発芽し、その後に出芽する。

山の斜面にへばりつくように育っているイネの穂は大きく、一本に二〇〇から三〇〇の籾をつけているものもあった（写真19）。日本の代表的なイネ品種コシヒカリでは、ひとつの穂についている籾の数は約一〇〇であるから、焼畑で栽培されているイネの一穂あたりの籾の数がきわめて多いことがわかる。

さらに、日本のイネに比較して籾が大きいのも、大きな特徴である。日本のイネ籾の重さは一粒二五ミリグラム程度であるが、焼畑で栽培されているイネ籾は四〇ミリグラムを超えるものが多かった。収量は、一ヘクタールあたり籾米一トンから二トンと、今日の日本のコメの収量に比較するとすくない。

焼畑には、種子の形や色、芒《ぼう》の有無、脱粒性の難易、収穫の時期が異なるさまざまなイネ品種が、それぞれの区画にわけて栽培されていた。

発芽・出芽
発芽は、種皮または籾を破って芽が出てくることであり、出芽は、土中に埋められた種子の芽が土壌表面から出てくること。

写真19　焼畑の急斜面に実った大きな稲穂（1995年、ルアンナムター郊外）

4　さまざまなモチイネ品種の栽培は、減収のリスク回避

われわれがふだん食べているコメは、粘り気がすくない「ウルチ米」である。ほかに、粘り気があり、臼と杵を使ってつくと餅になる「モチ米」がある。

ラオス北部をはじめ、タイやミャンマー北部にまたがるインドシナ半島の根元に位置する山間地では、焼畑でモチ米が主食として栽培されてきた。この地域は、焼畑だけでなく谷地の水田でもモチ米が栽培されている「モチ米文化圏」である。ラオス北部では、籾の形や色、栽培や収穫の時期などが異なる、さまざまな名前のついたモチイネ品種が、少数民族によって栽培されていた。

ラオス北部地域の焼畑を営む民族および地域とモチイネ品種の伝搬・継承を知るために、収集した三〇〇を超えるモチイネ品種を遺伝子調査した結果、タイや中国のモチイネに比較して遺伝的多様性が保たれていることがわかった。焼畑民からは、「イネ品種の種《たね》は、隣の村やほかの民族とも交換する。また、嫁にくるときにイネの種をもってくることもある」と聞いた。これらの習わしが、この地域のモチイネ品種の多様性を維持してきたひとつの「知恵」なのであろう。

一九九八年一一月の調査は、とても印象深いものであった。ルアンパバーンから飛行機で一時間ほど北上して、ルアンナムターに到着した。ルアンナムターからポンサリへの道を車で二時間ほど行くと、焼畑が見えてきた。道路脇に、少数民族がイネを栽培している。焼畑の脇には、さまざまなイネ品種の穂が高く積まれていた。この焼畑は、人口が一〇〇人にも満たない少数民族の村の畑であった。

村長に、「なぜ、さまざまなイネ品種を栽培しているのか」とたずねてみた。村長は、焼畑に栽培されているイネは雨不足による影響をうけやすいので、穂が出てくる時期が異なる複数のイネ品種を植えることは、その時期の減収のリスクを回避することになると答えてくれた。さらに、さまざまな特性をもった品種を植えることについては、虫や病気による減収のリスクを回避するためだと答えてくれた。また、「蒸かして食べるコメ、粉にしてヌードルやお菓子をつくるときに使うコメ、お酒をつくるときに使うコメなど、さまざまな用途に適したコメを栽培している」とも答えてくれた。

彼らは、集落や民族のあいだで交換したさまざまなイネ品種を栽培することで、天候の不順や病虫害による減収のリスクを回避し、コメをさまざまな用途に用いる「知恵」を継承していた（写真20）。

5　変わった性質をもつイネたち

日本では、農家でない限り、玄米を目にすることがあっても、籾を目にすることはほとんどない。日本で栽培されているイネ籾には、長さが一ミリほどの毛（ふ毛）が生えている品種がある。しかし、焼畑で栽培されていたイネの籾を観察してみると、ふ毛が生えていない「無毛」の品種が多かった（写真21）。ふ毛の明確な機能についてはまだわかっていないが、

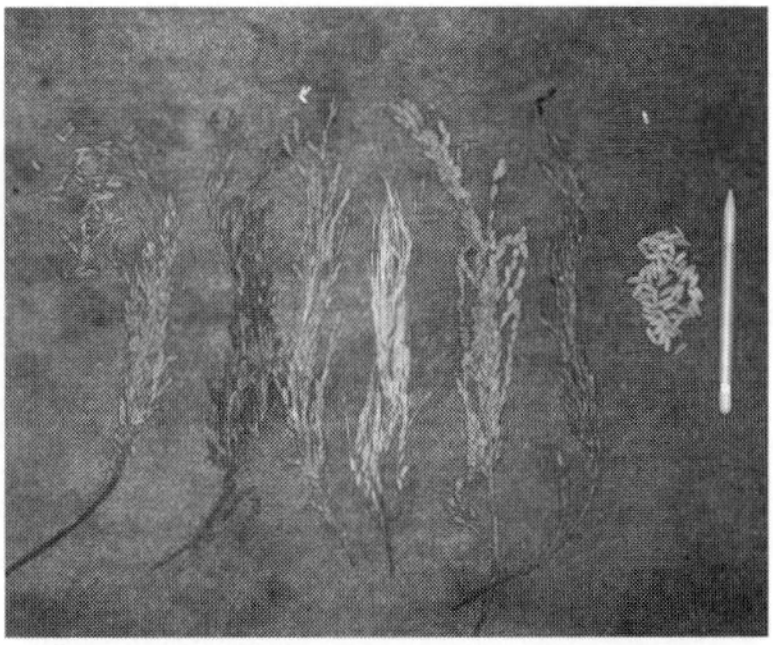

写真20　焼畑ではさまざまなイネ品種が栽培されていた（1995年、ルアンナムター郊外）

写真21　イネ籾の比較。いちばん右はササニシキの籾、左の3つは焼畑のイネ籾。焼畑で栽培されているイネ籾には毛がない

興味深い特徴である。

　焼畑で栽培されているイネには、出芽を促進する中胚軸《ちゅうはいじく》が伸長するものが多いのが特徴である。中胚軸とは、根の組織と葉の組織とのあいだにある組織である（写真22）。

　さらに、イネ株のまわりの地表面に太い冠根《かんこん》が発達することも特徴である（写真23）。こうした根の張りかたをすることで、火入れ後の草木の灰にふくまれる養分や、表土に集積した養分を、効率的に吸収できると思われる。陸稲が育つ焼畑では、ときには収量を高めるために手で雑草を抜きとる場合もある。

　雨季が終わって乾季が訪れると、収穫の時期になる。栽培する焼畑の土壌環境に適応できる品種をきちんと選んで栽培してきたことも、地域の人びとの「知恵」のひとつである。

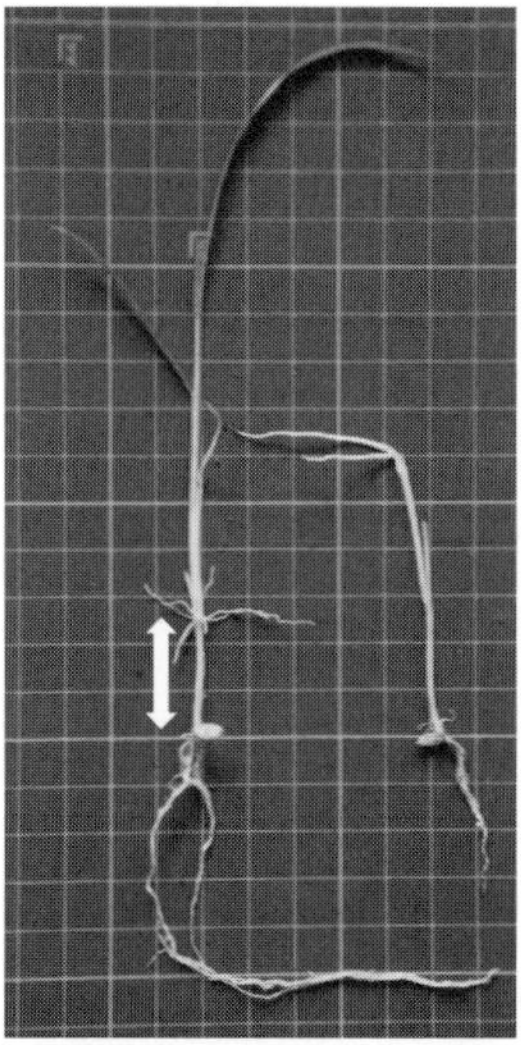

写真22　焼畑のイネと日本のイネの種子を、一〇センチほどの深さの土のなかに埋めて散水してみた。焼畑のイネ（左）は中胚軸が地中で伸長して地表面に芽を出したが、日本のイネ（右）は中胚軸が伸長せず、地表面に芽を出せなかった。矢印で示した部分が中胚軸

写真23　焼畑のイネの株のまわりの表土（上の写真）をとりのぞいてみた。地表面近くに太い冠根が伸長していた（下の写真）（1995年、ルアンナムター郊外）

6　山肌にひろがる常畑

焼畑は、自給食料の生産をおもな目的にして二〇〇〇年以上営まれてきた。しかし、人口の増加などの社会経済状況の変化にともない、長い休閑期間が必要な焼畑は、多くの地域で営まれなくなった。一九九〇年代まではひろく焼畑が営まれていたラオスでも、焼畑を営んできた少数民族のあいだでは、子どもの教育費を稼ぐためや生活改善のため、トウモロコシやゴムなどを栽培する常畑《じょうばた》化（畑として常時利用すること）がすすんでいる（写真24）。さらに、さまざまな工夫が受け継がれてきた焼畑農業は、大規模なプランテーションのための開墾と同一視されて「環境破壊の要因である」との指摘もあり、この地域にのこっていた焼畑もなくなろうとしている。焼畑が営まれなくなるとともに、これまで栽培されてきた多様なイネ遺伝資源がなくなることが危惧される。

写真24　山肌を開墾してつくられたゴム園（1995年、ルアンナムター郊外）

7　種子温湯殺菌

二〇〇六年六月のラオス調査は忘れられない。ビエンチャンの南に自然保護林があると、ガイドが教えてくれた。首都ビエンチャンからラオスとタイの国境の街ノーンカーイにかかる友好橋に通じるメコン川沿いの道を車で二〇分ほど走って、国道から脇道にそれて森のなかに入った。雨季がはじまっているせいだろう、舗装されていない道路には大きな水

写真25　若者は、湯気の立ちのぼる麻袋からとり出した種籾を、水田にまいていた（2006年、ビエンチャン郊外）

たまりが点在していた。われわれの車は、それらを避けるように右へ左へとハンドルを切りながらすすんだ。国道から数百メートルも入っただろうか、ワゴン車の進路を大きく深い水たまりがさえぎった。車はここでひき返すことにして、われわれは道路脇の水田に降りてみることにした。上半身裸の若者が、水田の脇の大きな木の陰に置いてあった麻袋から種籾《たねもみ》をとり出し、代掻きした水田にまいている姿が目に入った（写真25）。水をひいた水田に種籾をまくことは、まいた種籾がネズミや鳥に食べられるのを防ぐ有効な方法でもある。

麻袋からは、種籾の独特の香りと、わずかな湯気が立ちのぼっていた。麻袋の種籾のなかに手を入れてみた。気温三〇度を超えるなか、それは暖かいというより熱いと感じるほどであった。若者に聞いてみると、「麻袋に入れた種籾を一日水に浸けておき、水を切って小屋のなかに置いておくと、さらに一日で種籾が発熱し、発芽してくる」といっていた。

「温度があがらないときには、薦《こも》をかけたり、ワラを敷いた麻袋に入れ直したりすると温度があがる」とも聞いた。種籾の温度の上昇は、休眠の打破、発芽や出芽の促進、そして種子の殺菌に寄与しているのではないだろうか。日本でも、減農薬栽培や無農薬栽培を目ざす農家では、農薬を使わない種子滅菌方法として「温湯殺菌法」がひろまりつつある。六〇度ほどに制御された湯に種籾を一〇分間浸ける方法などが用いられている。ラオスで営まれてきたイネ種子の発芽を促進する「智恵」も、近代品種の導入とともに消えてしまうことが危惧される。

V　インドネシア・スラウェシ島の稲作

二〇〇七年一一月に、インドネシアのスラウェシ島の稲作調査に参加する機会を得た（図5）。インドネシアの島々の比較的標高の高い地域で栽培されているブルイネ品種群に属する在来イネ品種の根系形態を研究してきたこともあり、赤道直下の熱帯アジアの島嶼《とうしょ》地域の稲作については以前から調査してみたいと思っていた。

スラウェシ島の中心都市ウジュンパンダン（マカッサル）にあるハサヌディン大学を訪問すると、「この島の稲作は、年に二回以上収穫できている」と聞かされた。わたしは、稲作に適しているというこの島の栽培環境にますます興味を抱いた。

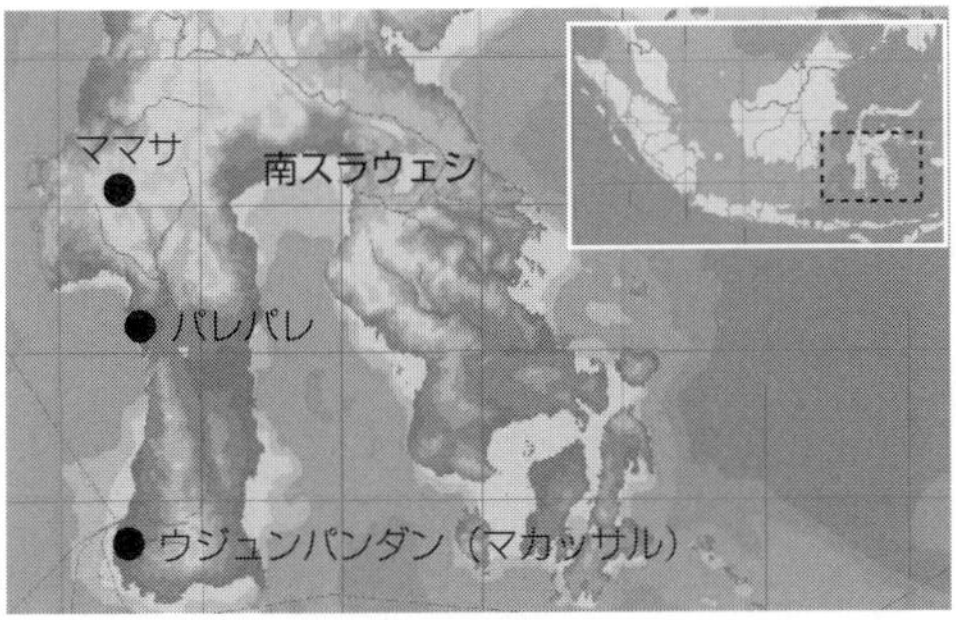

図5　スラウェシ島の調査地

1　スラウェシの棚田

スラウェシ島は、カリマンタン島とニューギニア島にはさまれた、三〇〇〇メートルを超える山をもつKの字の形をした島である。南スラウェシの中心都市ウジュンパンダンから一〇〇キロほど北にある港町パレパレに一泊して、次の日、北に向けて車を一日走らせて山道を登ると、ママサに到着する。

標高約一〇〇〇メートルのこの山間地域では、狭い山間を利用して棚田がつくられている。棚田では、今日でも化学農薬や化成肥料を用いることなく、草丈の高い在来品種が多く栽培されている。収量は、日本の平均的な収量の六割にあたる一ヘクタールあたり籾米三トンを超えると聞いた。

2　棚田のなかの魚の池

高台の集落にかこまれた棚田のなかには、直径二メートルほどの、一部が切りとられた畦がつくられていた（写真26）。農民に「田んぼのなかの小さな畦は何か?」と聞いてみた。彼は、「水田のなかに掘られているのは、魚の池だ」と答えてくれた。

この棚田では、イネと魚とがいっしょに育てられている。コメを収穫したあとは水田の水をぬき、なかの池に魚を追いこんで捕獲するのである。すべての魚を捕獲するのではなく、一部は池にのこし、次にイネを植える

写真26　島の山間地にある棚田。水田のなかには、丸い池が掘られていた（2008年、ママサ）

ときまで養殖する。魚は、深く掘られた池のなかで卵を産み、増えていく仕組みになっているらしい。イネを植えるために水田に水を入れると、魚は池から出て、投入された堆《たい》厩肥《きゅうひ》、雑草の芽、集まってくる昆虫を食べて育つのである。

魚は、雑草を食べることで除草の役割を、害虫となる昆虫を食べることで虫害防除の役割を、はたしているとも考えられる。そして、魚の排泄物は、イネの肥料となる。さらに、小魚を目あてに水田に飛来してくる鳥の糞も、肥料となるのである。

3　棚田に点在するため池

高台に位置する集落からは水路がひかれ、周辺にはため池が点在していた。生活排水や家畜の糞尿は、この水路を通ってため池へと運ばれる。そして、ため池で飼われている魚やカモは、生活排水にふくまれる食べものの残渣《ざんさ》や、家畜の糞尿にふくまれた有機物を食べて育つ。

魚やカモから放出された糞尿をふくんだ池の水は、その後、水路を通って高い位置にある棚田から低い位置にある棚田へと流れ落ちる（写真27）。そのあいだに、水にふくまれる養分がイネに吸収されていく。棚田に実ったコメは収穫され、再び高いところにある人家の米倉に運ばれて食料となる。ワラは家畜の餌となり、家畜の糞尿は水路とため池を介して移動するあいだに分解され、養分としてイネに吸収される。

この地域の棚田の稲作では、イネと魚を同じところで育てる「知恵」が、

写真27　生活用水などをため池にみちびくための水路（2008年、ママサ）

そこにすむ生きものの養分となる物質の循環とイネ栽培の持続性をもたらしてきたと考えられる。

山間地の調査を終えて平地にもどり、海抜の低い地域の水田を調査した。そこでは、稲作の近代化がすすんでいた。比較的低地の丘陵地帯では、アブラヤシやカカオの大規模栽培に向けての開墾がひろがりつつあった（写真28）。それらとともに、除草剤などの農薬や化成肥料の使用がひろがっているのが確認できた。

この現状から考えると、化学農薬や化成肥料を用いない有機栽培を可能にした水田のなかの魚の池も、近い将来には消え失せてしまうであろうことが推測される。

写真28　丘陵地帯にひろがるアブラヤシのプランテーション（2009年、マカッサル郊外）

Ⅵ　中国南部・雲南の稲作

二〇〇九年九月、雲南農業大学の共同研究者の案内で、中国南部の昆明の南に位置する元陽にある棚田で稲作を営んでいるハニ族の村を車で訪ねた（図6）。

村は、ベトナムのハノイを通ってトンキン湾に注ぐホン川が流れている標高三〇〇メートルの谷間から車で登った、標高一七〇〇メートルのところにあった。登る途中の道路から見える山肌には、棚田が延々と続いていた。

この棚田では、この地に移り住んだ少数民族ハニ族によって、一四〇〇年ほど前から延々とイネが栽培されてきたといわれている。冷涼なこの地域で、化成肥料や化学農薬を使わずに比較的高い収量を維持していることに興味をもって、調査した。

1 養分の循環を担うため池と水路

標高一五〇〇メートル以上の水田では、年平均気温が一四度と稲作をおこなうには低い。そんな場所で、化学肥料や農薬も使われていないにもかかわらず、収量は一ヘクタールあたり籾米三トンを超えると、同行した共同研究者から聞いていた。

村に到着して車から降りると、頑丈なつくりの家々が立ちならぶ集落があった。家々のあいだに張りめぐらされた石畳の通路を抜けるようにくだっていくと、石畳の堆厩肥《たいきゅうひ》置き場があり、農夫が籾や稲ワラを燃やしていた（次ページ写真29）。堆厩肥置き場を通りすぎると、さまざまな形の小さなため池が点在していた。このため池へは、集落や堆厩肥置き場の脇にある水路を使って、燃やされた稲ワラや堆厩肥が注ぎこまれていた。ため池にはアヒルが泳ぎ、水草をついばんでいた。さらに、ため池から棚田にも、水路が迷路のように張りめぐらされていた（次ページ写真30）。

棚田で収穫したイネは、集落に運びあげられ、コメは食料としていったん貯蔵される。ワラは家畜の餌となり、家畜の糞や尿は厩肥の原料となる。

この棚田では、一年をとおして山から流れこむ水を利用して常時湛水《たんすい》にすることで、流

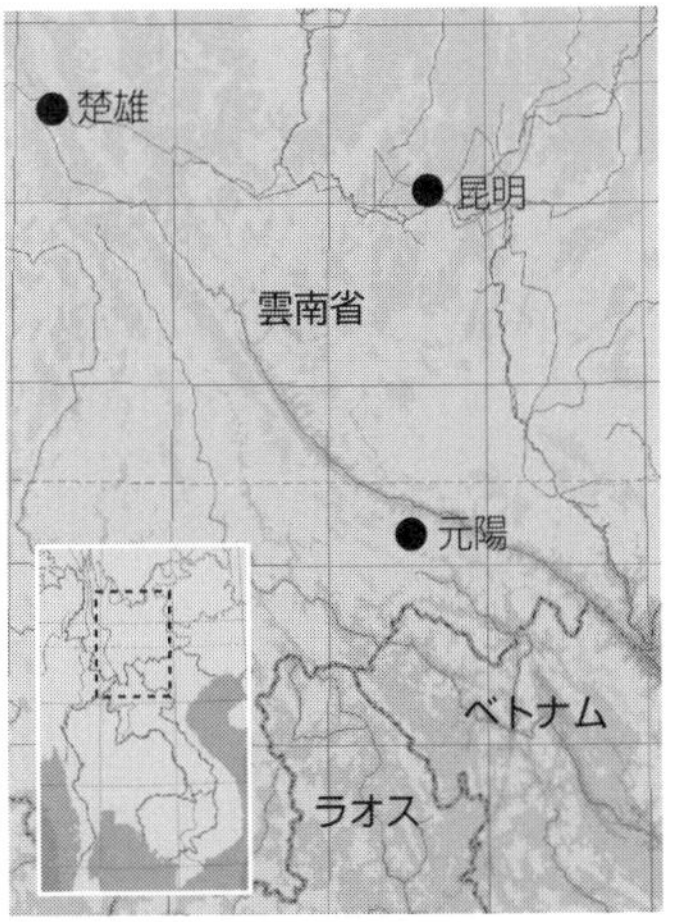

図6　中国南部・雲南の調査地

れこんだ窒素養分の消失を防いでいる（写真31）。一年じゅう湛水状態が保たれるよう、棚田の段差のところを石積みなどで補強し、畦面《けいめん》は塗り壁のように泥を塗りつけて補強して、水漏れや畦の崩壊を防いでいる。

アンモニアは、畑などの好気的《こうき》な土壌中では、微生物の働きによって亜硝酸、硝酸、窒素と形を変え、窒素は大気に拡散してしまう。しかし、水田のような嫌気的《けんき》な土壌中ではこの変化が起こらないので、窒素養分はイネに吸収されるアンモニアのままでのこっている。ハニ族の棚田で三トンを超える収量を持続的に確保できてきたのは、アンモニアを「持続」させるための「知恵」のひとつとして、栄養分を循環させるシステムがあった。

写真29　堆厩肥置き場で農夫が稲ワラを燃やしていた（2009年、元陽）

写真30　道路脇には水路が張りめぐらされていた（2009年、元陽）

写真31　ため池の下流にひろがる棚田（2009年、元陽）

2 連作障害を防ぎ多様性を確保する品種交換

一九七〇年度に雲南農業大学がこの地域にのこされているイネ品種数を調査したところ、七六品種を確認している（今日では、確認できる品種数は三〇までに減少している）。われわれが調査した村では、その年には一七品種のイネが栽培されていると聞いた。そして、農民は、三年に一回ほどの頻度で農家同士やほかの村と品種交換をおこなってきたとも聞いた。すくない品種にしぼって長年栽培するのではなく、さまざまな品種を栽培することは、低温や干ばつなどの気象災害や病虫害の拡大を防ぐための「知恵」である。昆明から西に行った楚雄にある研究施設では、農薬にたよらず病害を軽減する試みとして、高品質であるがいもち病にかかりやすいモチ品種と、かかりにくい品種との混合栽培試験がおこなわれていた。

車で帰り道を下りる途中、共同研究者は、標高一五〇〇メートル以下まで新しく育成されたハイブリッド・ライスの栽培がひろがっていると話していた。さらに、彼は高度が低いところまで下ったところで車をとめ、「トウモロコシやタバコが栽培されている畑は、かつてはイネが栽培されていた」と、われわれに示してくれた（写真32）。雲南地域でも、イネ栽培から高価格で売れる換金作物の栽培に変わりつつあった。

写真32　トウモロコシやタバコ栽培がひろがっていた（2009年、元陽）

Ⅶ　東アフリカ・ケニアの稲作

二〇一二年六月に、ケニアのインド洋沿岸地域の稲作を調査する機会を得た（図7）。東アフリカのインド洋沿岸地域では、一〇世紀ごろに稲作がはじまったといわれている。近年になって、人口増加による食糧不足を危惧し、先進国の援助で稲作の拡大が推進されていると聞いた。導入された稲作と在来稲作の現状を調べるために、ケニアの稲作調査に参加した。

1　大地をおおうサバンナ

バンコクから飛行機で一〇時間かけて到着したケニアの首都ナイロビの朝は、標高が一六〇〇メートルと高いこともあり、涼しいほどであった。ナイロビから国内線に乗り換えて一時間あまりで、海岸州の南に位置する港町モンバサに到着する。飛行機がナイロビの空港を離陸すると、褐色の大地にまだらに点在する緑、サバンナの大地が目に入ってきた。飛行機の窓からは、どこにも水田らしきものを見つけることができなかった。

海岸州は熱帯に属し、平均気温が二四度から二八度と高く、四月から六月にかけての比較的降雨量が多い大雨季と、一〇月、一一月の降雨量がすくない小雨季とがある。六月は、大雨季の終わりであった。

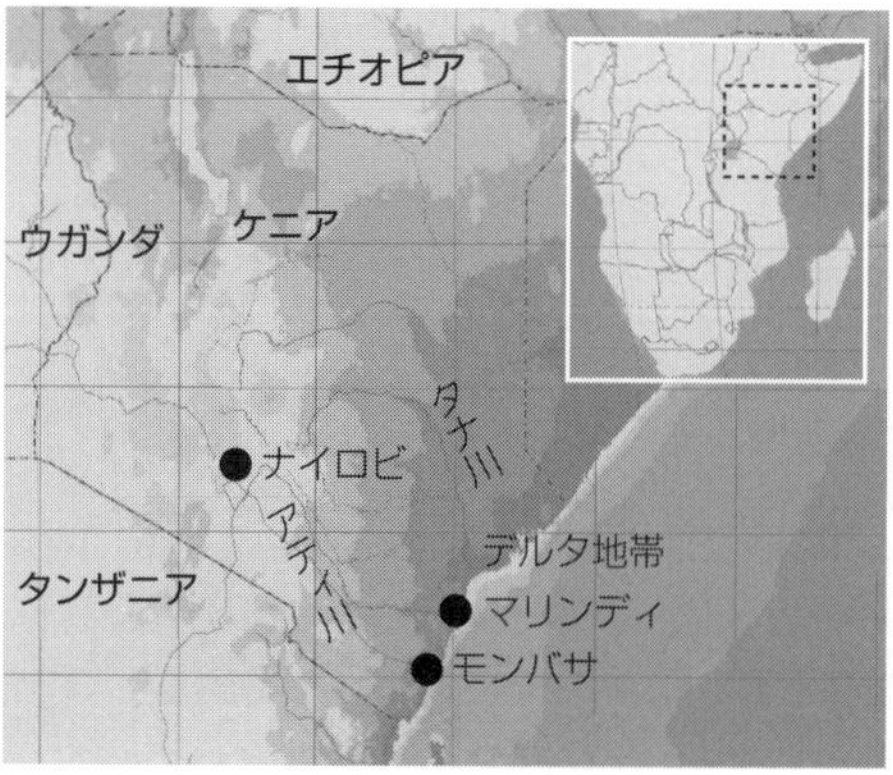

図7　ケニアの調査地

われわれは、タンザニアとの国境に近い、年間降雨量が一五〇〇ミリを超える地域の調査に出向いた。最初に、農業試験機関の地方事務所に出向いて調査の許可と稲作に関する情報を入手した。同行してくれた地方事務所の所員の案内で、われわれは稲作地に向かった。雨が降る季節にだけ水が流れる季節河川沿いや、雨水が流れこむ海沿いの低湿地に、イネが栽培されていた。イネが栽培されている低湿地は、水田のように地表面が平坦でなく高低差があり、水をためるための畦もない畑であった（写真33）。この地域では、河川から水を引き入れている灌漑水田は一〇パーセント程度であると聞いた。

写真33　イネが栽培されている畦もない畑では除草がおこなわれていた（2011年、モンバサ郊外）

2　タナ・アティ川デルタ地帯の開発

海岸州のマリンディから北に約九〇キロの沿岸に、タナ川のデルタがひろがっている。このデルタ地域では、日本の無償資金協力をうけて一九九〇年代の後半から灌漑水田の大規模開発がすすめられている。タナ・アティ川開発公団の職員が、灌漑水を引き入れるためのダムと、一枚が一・二ヘクタール（四〇メートル×三〇〇メートル）の大規模水田を紹介してくれた。

農業機械を導入し、尿素を投入し、年に二回収穫する近代稲作のための大規模灌漑水田面積は、二〇一二年時点で約八〇〇ヘクタールになると、同行した職員は話していた。海外輸出できる近代イネ品種は、一品種のみが広大な大規模水田に栽培されていると聞いた。

ただ、二〇一〇年には籾米で一ヘクタールあたり四トンあった収穫量が、二〇一二年には二・五トンにまで減少したとのことであった（写真34）。

われわれは、「広範囲に観察された、葉身が先端から黄褐色に枯れる病気を、減収の要因として検討するように」と、職員に話した。「一品種のみを広範囲に複数年栽培したことが、病気が広範囲にわたって発生する引き金になった可能性がある」とも答えた。広範囲に同じ品種を、化成肥料を投入して栽培していると、葉身が枯れるなどの病気が発生して減収につながった事例は、この地域だけでなくほかの国々の調査のときにも観察しているからである。

写真34　大規模灌漑水田で栽培されていたイネには病気が発生していた（2012年、タナ・アティ川のデルタ地域）

3　ダム建設による下流域の塩害

このデルタ地帯の河口付近の汽水域では、満潮時に水位が上昇したときに上流から流れてきた川の水を引きこんで複数の在来イネ品種を栽培する伝統的稲作が、小規模な水田でおこなわれてきた。しかし農民たちは、「デルタの大規模開発がすすんでからは、収量が減ってきた」と、塩害がひどくなって放棄した低湿地を指さして嘆いていた。農民たちは、「上流にダムができて流れてくる川の水がすくなくなったため、満潮時の汽水域がより上流に移動したためだ」と、われわれに訴えていた。「大潮満潮時の水位の上昇を利用する潮汐灌漑《ちょうせきかんがい》」でイネを栽培してきた農民の「知恵」が、またひとつ消え去ろうとしていた。

おわりに

「緑の革命」と呼ばれる稲作の近代化は、日本などの先進国だけでなく、東南アジアの発展途上国、さらにはアフリカにおいても拡大してきた。

イネの栽培がはじまってから、人類はさまざまな工夫を駆使して、自らを養うために食料を確保してきた。そして、その工夫は「知恵」となり、親から子へ、子から孫へと継承されてきた。今日では、高度な水管理、施肥管理、病虫害防除、そして高度に遺伝的に均一な品種、農業機械の使用が容易である区画整備された水田で、イネが栽培されるようになった。しかし、この栽培方法は、はたして人びとが継承してきた「知恵」の集大成であると、ほんとうにいえるのだろうか。

その集大成は、化学肥料や農薬の使用、管理された圃場《ほじょう》環境、第二次大戦後に育成された「緑の革命」品種に依存している。この集大成は、栽培の現場だけでなく、肥料や農薬を生産し、新たなブランド品種を生み出してきた社会経済にも組みこまれている。

近年、環境にやさしい稲作、安全でおいしいコメが推奨され、人びとに好まれている。七〇〇〇年の稲作の歴史のなかで、農民が試行錯誤しながらつくりあげ、継承してきた「知恵」を、ここでふり返って見る必要があるのではないかと思う。

〈参考文献〉
・佐藤雅志「水田稲作と漁撈」佐藤洋一郎監修、鞍田崇編「ユーラシア農耕史」第一巻『モンスーン農耕圏の人びとと植物』103―112ページ　臨川書店　二〇〇八年
・佐藤雅志「『農』の持続可能性」佐藤洋一郎監修、鞍田崇編「ユーラシア農耕史」第五巻『農耕の変遷と環境問題』217―252ページ　臨川書店　二〇一〇年
・武藤千秋・佐藤雅志「ラオス北部地域にみる焼畑の終焉とイネ遺伝資源の消失」佐藤洋一郎監修、原田信男・鞍田崇編『焼畑の環境学　いま焼畑とは』404―426ページ　思文閣出版　二〇一一年

佐藤雅志（さとう・ただし）

東北大学アドベンチャークラブに所属していた学生時代は、岩手県の北上山地に点在する未調査の鍾乳洞の探検、フィールドワークに励んでいた。本格的なフィールドワークは、イネ遺伝資源に関する海外学術調査隊の一員として一九八九年一〇月にブータン王国の水田を歩きまわったのが最初。それから四半世紀間、タイ、ミャンマー、カンボジアなど東南アジアの国々に出向き、野生イネや在来イネ遺伝資源だけでなく、伝統的稲作文化を調査している。

＊　＊　＊

■わたしの研究に衝撃をあたえた一冊『緑の革命とその暴力』

一九八九年一二月に、バングラデシュのイネ遺伝資源調査に参加したときの「子どもの学費を稼ぐために高く売れる改良イネ品種を導入した。しかし、収入はよくならない」という農民のことばを忘れられないでいた。緑の革命のみならず、バイオ革命、農業のグローバル化についても警鐘をならしている本書は、「イネ遺伝資源」の探索だけでなく「稲作文化」の研究も必要であることをわたしに確信させてくれた一冊である。

ヴァンダナ・シヴァ著
浜谷喜美子訳
日本経済評論社
一九九七年

Ⅲ部

イネの細胞の化石（プラント・オパール）から水田稲作の歴史を探る

——宇田津徹朗

「化石」と聞くと、多くのかたは恐竜や人類の祖先である○○原人の骨をイメージされると思う。しかし、イネやススキなど身近な植物も土のなかに小さな化石（微化石《びかせき》）をのこしていることを、みなさんはご存じだろうか？

この微化石は「プラント・オパール」と呼ばれ、動物の化石と同じように、過去に存在した植物を調べるうえで重要な手がかりとなる。

わたしは、このプラント・オパールを利用した分析法を用いて、「水田の造成技術の成立と発達」の視点から「東アジアにおける水田稲作技術の成立と発達プロセスの解明」に取り組んでいる。

ここでは、この研究の概要と最新の状況（何がわかってきて、何がわかっていないのか）を紹介してみたい。

1　プラント・オパールとその利用

まず、プラント・オパールの紹介をしよう。イネやススキなどイネ科の植物やドングリが実るブナ科の樹木などは、根から吸収した水にふくまれる珪酸《けいさん》（ガラス）をその表皮細胞に蓄える性質をもっている。

珪酸は細胞壁に蓄積され、やがて細胞の形をした立体的なガラスの殻が形成される。これは、「植物珪酸体」と呼ばれる。大きさは由来する細胞によるが、一〇〜二〇〇ミクロン（一ミクロンは一〇〇〇分の一ミリ）程度である。そのため、わたしたちは植物珪酸体を直接目にすることはないが、ほとんどの人はその存在を体で感じた経験をもっている。みなさんは、素手で草をさわったあとに触れていた手や腕の部分がチクチクと痛んだり、ススキを抜こうとして手を切ったりした経験をおもちではないだろうか？　じつは、これはイネやススキの表面の細胞につくられた植物珪酸体が小さなガラスの刃や棘《とげ》となって引き起こしたものである。

植物珪酸体は、その組成（ガラス）のため、植物が枯れたあとも土のなかで分解されずに、数千年から数万年にわたって残留する微化石となる。これが、プラント・オパールである（英語圏では「ファイトリス（phytolith）」、中国語では「植物蛋白石」と呼ばれる）。

次に、プラント・オパールの利用について簡単に紹介しておこう。

次ページの図は、イネの葉の機動細胞《きどうさいぼう》と、その細胞に由来するプラント・オパール（約四〇ミクロン）である。形はイチョウの葉に似ている。この形はイネの特徴であり、このようにプラント・オパールの形態は、由来する植物や細胞によって異なる。そのため、あ

機動細胞
イネの葉の葉脈に沿って並んでいる細胞。雨や水の供給がすくなく乾燥した状態になると、イネは葉を巻いて水が失われる（蒸散）のを防ぐ。この細胞は、その葉を巻くしくみに深く関係している。葉を巻くという機械的な動きから、機動細胞と名づけられた。

る時代の地層の土にふくまれるプラント・オパールの形態を調べることで、当時、存在した植物や作物を特定することができる。また、そのプラント・オパールの密度（土にふくまれる数）から、特定した植物の量や作物の収量の推定も可能である。こうしたプラント・オパールの性質を利用して過去の植生や農耕を分析する方法を、「プラント・オパール分析法」という。

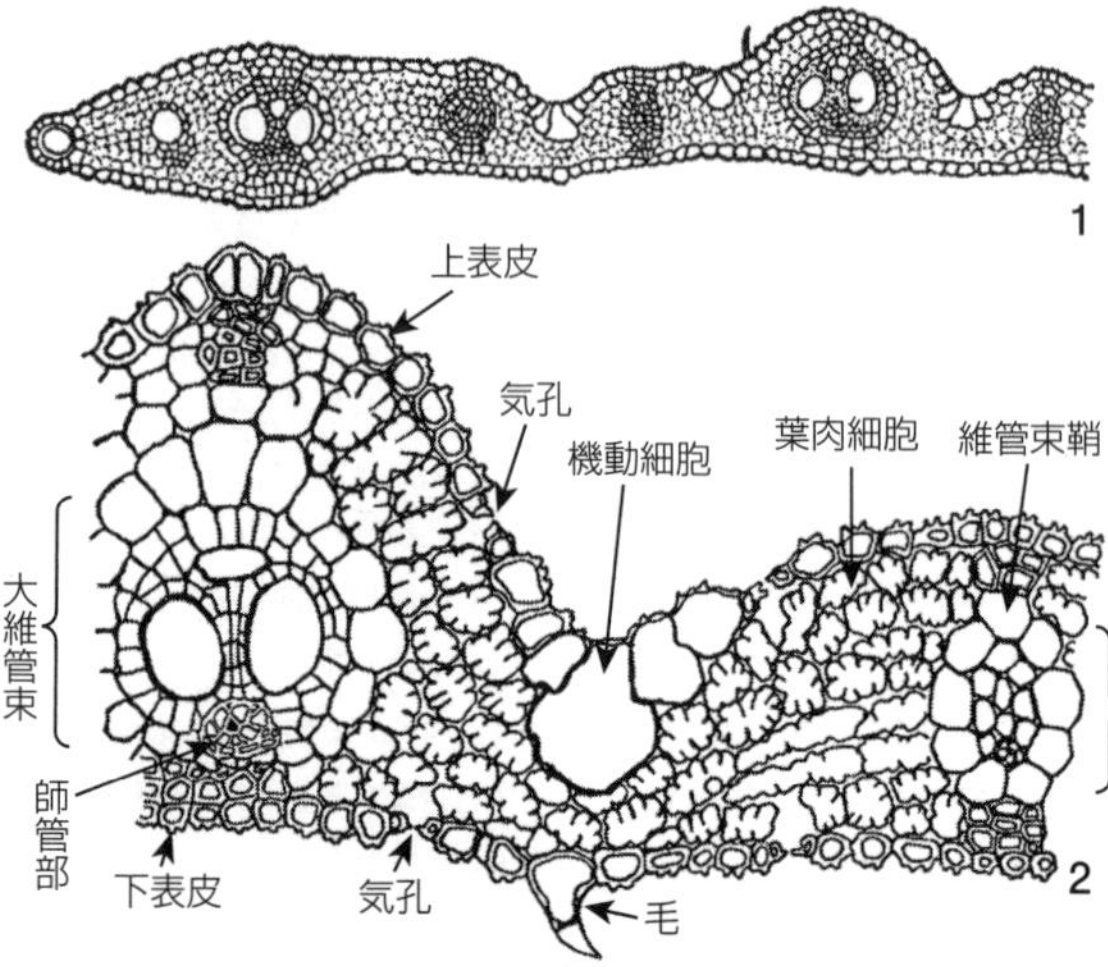

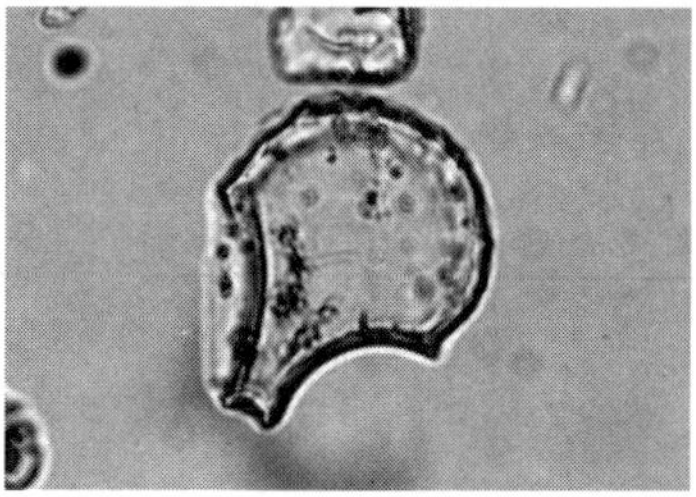

図　イネの葉（葉身）内の機動細胞（上）と由来するプラント・オパール（下写真）。上の図は、星川清親『**解剖図説イネの生長**』より作成

『解剖図説　イネの生長』
星川清親著
農山漁村文化協会
一九七五年

2 「水田稲作技術の成立と発達プロセス」を研究する意義と魅力

冒頭に述べたように、わたしは「水田の造成技術の成立と発達」の視点から「東アジアにおける水田稲作技術の成立と発達プロセスの解明」に取り組んでいる。

具体的には、畦《あぜ》で方形に区画し、水を張って、イネを栽培する施設である水田と、そこで営まれる稲作が、「いつ」「どこで」「どのように」成立し、発達してきたかを、明らかにするものである。

誤解があるといけないが、イネは、水田でなくても栽培できる。世界では、現在も畑や焼畑でイネが栽培されている。これらのイネは、水田で栽培される「水稲《すいとう》」に対して「陸《りく》稲《とう》」と呼ばれる。しかし、日本では生産量の九九％以上が、世界でもその大部分が水稲である。この事実は、現在のわたしたちの都市社会を支える稲作技術としては、水田稲作が適していることを示す証左といえよう。

また、江戸時代の日本は、鎖国制度のもと、国内の限られた資源をフル活用して、およそ三〇〇〇万の人びとが暮らし、今日も国内外から注目される文化が育まれてきた。これも、食料生産のシステムが水田稲作であったところが大きいとされる。

食料生産システムとしての「水田稲作」の特徴は、「連作」と「余剰生産性」のふたつである。イネもふくめ、作物を同じ畑で栽培し続けると、生育が悪化して収量が大きく低下する「連作障害」が発生する。しかし、イネを水田で栽培しても、**こうした障害は発生しない。**

また、イネは一粒の種子から二〇〇〇粒に増えるほど生産性が高いため、水田稲作は農

こうした障害は発生しない
水田でイネを栽培すると連作障害が出ない理由を完全に説明するものはない。一般には、灌漑によって、不足する養分が補充される、連作を阻害する物質の蓄積を抑制する、湛水《たんすい》（水を張ること）によって病害虫の一部の発生が低下するなどの理由があげられている。

民だけでなく農業に関係のない多くの人口を支えることが可能な「余剰生産性」をそなえている。

そのため、水田がひとたび拓かれると、人口の増加と集中が生じる。増加した人口によってさらに水田の造成がおこなわれる。また、水田稲作の維持・拡大は、水田の補修や造成、水路の補修や開削、さらに用水確保ための水系の支配などを担う専門家や権力者の誕生をうながし、「社会の分業化や階層化」をもたらす。このように、水田稲作の開始は、今日へと続く都市社会の萌芽をもたらす原動力であったといえよう。

したがって、水田稲作の成立と発達プロセスを解明する取り組みは、わたしたちの祖先が自然環境を改変・支配し、今日の都市社会の原形を築いてきた道筋を、総合的かつ合理的にとらえるうえで極めて有効な方法といえる。

3　動かぬ証拠「水田」

それでは、具体的にどのように調べるかであるが、これがなかなかむずかしい。まず、文字など文献記録は、文字が発明されて以降の時代でないと使えない。次に、考古学的な発掘によって見つかる炭化米などは、イネが存在した重要な証拠となるが、中国など稲作の起源地として有力視される地域には栽培イネだけでなく野生イネも存在するため、その識別も必要となる。そのため、種子の形態、遺伝情報などから一定の推測は可能であるが、不確定な要素が多い。

そこで、「水田」である。水田は動かせないので、当時の水田が見つかれば、まさに水田稲作の「動かぬ証拠」となる。「そんなにつごうよく、水田がのこっているのか？」という疑問がわくと思うが、これがのこっているのである。それは、おもに次のふたつの理由による。

まず、「河川の氾濫や洪水の発生」である。多くの人びとが暮らす平野には、その平野をつくりだした大きな川が流れている。現在の河川は頑丈な堤防にかこまれ、氾濫や洪水はすくないが、こうした河川のコントロールが可能になったのは江戸時代以降である。そのため、日本ではそれ以前、海外では河川管理技術が発達していない時代は、河川の氾濫や洪水によって当時の水田が土砂に埋まり、保存される。

次は「水田立地の変化」である。河川管理と同様、水を遠くに運ぶためには一定の土木技術が必要である。しかし、初期の水田が営まれた時代はこうした技術レベルが低かったため、水の確保が容易な湿地や低地に水田が造成された。事実、こうした水田の下層の土からは、そこが湿地であったことを示すヨシ（葦）のプラント・オパールがたくさん見つかる。なお、イネは湿地では高い収量をあげることはできないため、灌漑・水利技術が発達すると、水田は排水ができるすこし標高の高い場所へと移り、低地の水田は廃棄されて埋没・保存される。

このように、地下に埋蔵されている各時代の水田を調査・発掘し、比較研究することで、水田稲作の成立と発達プロセスの解明にアプローチできるのである。

4　さまざまな分野の研究者の協働ですすめられる古代水田調査

ここからは、実際にわたしが一九九二～九六年に参加した草鞋山《ツァオシエシャン》遺跡（中国の長江下流域に所在する新石器時代の遺跡）での調査を例に、古代水田調査の概要を紹介しよう。

調査遺跡の選定

草鞋山遺跡は、初期の水田を見つける目的で調査遺跡に選定された。選定の理由は、共同研究者であった現地の考古学者との検討により、「長江下流域において、階級社会あるいは古代国家が成立した可能性が高い良渚《りょうしょ》文化期（約五五〇〇～四二〇〇年前）に先行する時代の遺跡であること」、かつ「これまでの調査で稲作を示す証拠が見つかっていること」の条件を満たしていたことによる。

調査区の設定

調査地が決定したら、農学や地理学の研究者が現地を自分の足で歩き、地形や水利条件などを調べ（踏査）、水田造成に適した候補地を選定する。しかし、人の活動の影響は大きく、現地形だけで判断するのは危険であるため、地区の村長さんなどに同行いただき、現地をよく知る古老のお宅を訪問し、この一〇〇年以内の現地の地形変化について聞きとり調査をおこなうことがたいせつである。事実、別の調査では、候補地が村人が埋めた沼地だったという経験がある。こうして、最終的な調査区を決定する。草鞋山遺跡では、過去の発掘地点の南西の低地が調査区と決まった。

水田の探査

次は、地下に埋蔵された水田の探査をおこなう。具体的には、イネのプラント・オパールを高い密度でふくむ水平な堆積層を探しだすのである。イネの種実は収穫されるため水田にはのこらないが、稲藁の大部分はのこされて土に還る。そのため、イネが一定期間栽培された水田の土には、高い密度でイネのプラント・オパールがふくまれる。また、水田の構造上の特性（湛水のため水平に造成）から、その堆積はほぼ水平である。

地下の土は、調査区に二〇〜四〇メートル間隔で格子状にボーリング地点を設定し、写真1のようなボーリングスティックで採取する。イネのプラント・オパールの有無と密度を地点と深さで整理すると、水田の埋蔵域を特定することができる。草鞋山遺跡では、深さ約二〜二・五メートルに水田が埋蔵されているという結果が得られた。

写真1　ボーリング調査のようす

試掘と発掘

ここからは、考古学者の出番である。まずは、探査結果に基づいて二×五メートル程度の小規模な発掘（試掘）を実施し、当時の水田ののこり具合を確認する。これは、水田は土を盛り上げた畦で形づくられているため、水田が廃棄されたあとに発生した自然災害や人間活動によって地表面が破壊され、発掘によって確認できない場合があるためである。

草鞋山遺跡では、試掘によって当時の地表面が無事であることが確認され、引き続き発掘がおこなわれた。発掘は、地面をすこしずつ水平にとりのぞき、当時の水田を掘り出していく（写真2）。

古代水田から稲作の情報を引きだす

古代水田が発掘されると、水田の形態が明らかになるだけでなく、耕作土にふくまれる種子や珪藻《けいそう》、そしてプラント・オパールなどから稲作に関する情報が得られる。まず、炭化米やモミ（籾）からイネの種類（形態やＤＮＡ分析）、雑草の種子や珪藻から栽培の状況（水の管理）、そして、イネのプラント・オパール（密度や形状）から収量やイネの種類が、植物学や遺伝学などの専門家によって引きだされる。また、水路から見つかる農具も、栽培技術を知る貴重な情報となる。こうして引きだされた情報を近代農法が導入されるまえの稲作（化学肥料や農薬が存在していない時代に東アジア各地で営まれていた稲作）と照らしあわせることで、当時の稲作の具体的なイメージを構築することができる。

そして、もっとも重要な情報が、「水田の営まれた時代」である。探査や発掘の段階では、過去の考古学的調査から時代を推定しているが、時代を決定するには、土器など時代を決める物証（遺物）が必要である。しかし、こうしたものが水田にのこされることはすくない。そのため、発掘後、考古学者は遺物を丹念に探し、地球科学の研究者は耕作土や炭化米にふくまれる炭素の同位体から年代を測定し、「水田の時代」を決定する。草鞋山遺跡の水田の年代は、およそ六二〇〇〜五九〇〇年前の馬家浜《ばかひん》文化期の中期となった。

写真2　草鞋山遺跡で発掘された馬家浜文化期の水田

以上が、調査の概要である。

古代水田調査の実施には、さまざまな分野の研究者に加えて、地元の行政関係者や地域住民の協力が必要不可欠である。「ところ変われば、品変わる」ということばがあるように、日本国内でも気候風土が変われば人びとの考えかたや価値観にちがいが生じる。国が変われば、当然そのちがいは大きくなる。草鞋山遺跡の調査では、中国の研究者や現地の協力者のかたと、調査のスケジュールや仕事の進めかたなどで意見が一致せずに議論をする場面が多かったことをよく覚えている。当時、大学の助手になったばかりのわたしは、こうしたちがいを解決していくことがフィールド調査をすすめるうえで非常に重要であること（正否を左右すること）を実感したものである。

しかし、これはけっして「たいへん」「面倒」ということではない。わたし自身、いまでも調査をともにした国内外の研究者や地元のおじさんの顔が思いだされる、人間くさい、そして魅力的な調査なのである。

5　最新の状況——これまでにわかったこと・わからないこと

ここまで、研究の目的から具体的な方法までを紹介してきたが、最後に、東アジアの水田稲作技術の成立と発達のプロセスについて「わかったこと」と、現在も研究がおこなわれている「わからないこと」を整理しておこう。

現在までにわかったこと（初期の水田が成立した時代と当時の稲作技術）

みなさんは、草鞋山遺跡（馬家浜文化期：約六〇〇〇年前）の水田の写真を見て、「ほんとうに水田なのか？」と感じられたと思う。実際、発掘当時、この点についてはさまざまな議論があった。のちに、ほかの遺跡でも同様の水田が確認されて、ようやく初期の水田として決着した。

初期の水田は、「生土《シエントゥ》」と呼ばれるこの地域にひろがる黄色く固い地層を掘り、水がたまるように自然地形の谷部を拡張・連結して造成したものであった。水田の特徴である畦や水口をそなえており、耕作土にふくまれるイネのプラント・オパールの密度は、栽培期間が数百年間であることを示していた。また、農具（骨でつくられた鋤《すき》＝骨耜《こつし》）も発掘されている。

わたしたちは、この水田を、その特徴から「自然地形利用型の水田」と呼んでいる。この水田は、イネを連作するための基本的な機能を有している。しかし、「土地の一部しか利用できない」「排水機能がないため、湿田状態になる」といった点から、十分な収量を確保することはむずかしかったと考えられる。事実、草鞋山遺跡では獣骨が多量に発見されており、狩猟もまだ重要な食糧獲得手段であったことを示している。

このように、中国で成立した初期の水田は、社会変化をもたらす「余剰生産性」をそなえるレベルには達していなかったことが明らかとなっている。

研究が進行中の、まだわからないこと（「基盤整備型の水田」が成立した時代）

自然地形利用型の水田は、連作できるが生産性が低く、社会形成をもたらす重要な要素である「余剰生産性」をそなえていない。したがって、東アジアの水田稲作の成立期を明らかにするには、この「自然地形利用型の水田」のあとに出現する本格的な水田、すなわち日本の弥生時代に北は青森から南は鹿児島までひろがっていた「自然地形を改変して水平な生産空間を人工的につくりだした水田」（写真3）が登場した時代と地域を探しあてる必要がある。農業分野では、生産効率の高い水田や水路を造成することを「基盤整備《きばんせいび》」と呼ぶことから、わたしたちはこの水田を「基盤整備型の水田」と呼んでいる。

現在、その有力な候補としては、階級社会の存在などの点から、長江下流域の良渚文化期と呼ばれる時代が注目されている。また、近年に公表された当該地域の埋蔵文化財調査のなかには、その可能性を強く示唆する成果も認められており、「基盤整備型の水田」の発見への期待が高まっている（わたしも、現在、この地域の国際調査に参加している）。

なお、中国での「基盤整備型の水田」の成立期は、日本への稲作の伝播とその開始期を研究するうえでも非常に重要な情報になることも、つけ加えておきたい。

おわりに

稲作の歴史には、ここで紹介した水田造成技術だけでも、解明を待つ多くの課題がのこされている。しかし同時に、「基盤整備型の水田」の成立期のように、解明に手が届きそ

写真3　弥生時代の「基盤整備型の水田」（青森県垂《たれ》柳《やなぎ》遺跡）

うな段階にきている研究もある。今後も、この分野の研究の進展に注目いただきたい。
　また、本書を手にとられたかたのだれかと、いつか調査現場でお会いする日を楽しみに待ちたいと思う。

宇田津徹朗（うだつ・てつろう）

はじめてのフィールドワークは、大学四年（一九八七年）のときに参加した長野県での古代水田調査である。その際に、ぬかった粘土にはまって抜けだせなくなるという苦い経験をするのであるが、なぜかフィールド調査の魅力にとりつかれてしまった。以来、日本、中国、韓国、台湾での古代稲作調査にかかわるようになる。とくに、中国での調査は、毎年出かけるようになって（二年間の滞在もふくめて）二〇年になる。一九六五年生まれ。現在は宮崎大学農学部教授。

＊　＊　＊

■わたしの研究に衝撃をあたえた一冊『南極越冬記』

南極という未知のフィールドに挑戦した第一次南極越冬隊の話である。しかし、当時（高校一年）は、南極のことよりも、越冬隊の隊員たちが、十分な研究予算も機材もないなかで苦悩しながらも励ましあい、知恵と工夫で調査と研究をすすめていく話が好きで、何度も読んだ。この本によって、フィールドワークの魅力が頭にインプットされたのではないかと思っている。三〇年もまえの当時の本が現在も手元にあり、いまも読み返す一冊である。

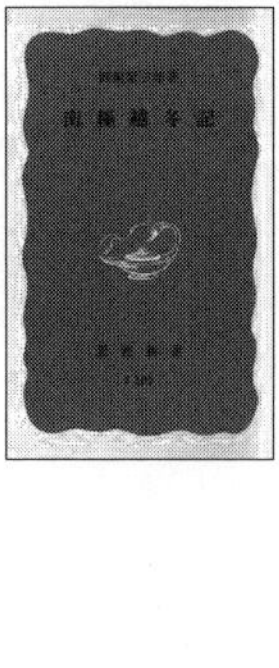

西堀栄三郎著
岩波新書
一九五八年

「中尾」流フィールドワーク虎の巻

——山口　聰

フィールドワークを、たんなる「野外調査」だと思っていたら大まちがいだ。本質を理解していない。たしかに、研究室から出ていって仕事をすることでは「野外」かもしれないが、昆虫採集や植物採集、生態調査などとはちがう内容があることを、十分に注意していなくてはならない。目的意識、そしてなんらかの仮説を構築してから現場に出かけ、現実と自分の理論との整合性を検証しながら、さらに新しい仮説なり理論を引きだしていく——それが、本来のフィールドワークである。

このフィールドワークから世界的にも注目されている文化論をつくりあげたのが、わたしの恩師である**中尾佐助**である。地球規模で栽培植物の進化を論じ、農耕文化の起源、そして東亜半月弧としてくる照葉樹林帯特有の文化の存在を強く訴えた。人間特有の行動様式を深く考察し、多様な民族文化の存在を深く理解し、その裏にひそんでいるひとつの文化の共通性を見抜く——すばらしい洞察力をそなえた、希有な民俗植物学者である。

日本の農業遺伝学者のひとつの頂点は木原均《きはらひとし》（一八九三—一九八六）であり、生態学者の頂点は今西錦司《いまにしきんじ》（一九〇二—九二）であり、いずれも大きなスクールを形成しているが、中尾佐助もまた、両者と伍して、〝孤高の学者〟〝独立峰〟として超然とそびえている。

中尾佐助
一九一六—九三。愛知県出身。大阪府立大学名誉教授。遺伝育種学、照葉樹林文化論を提唱。おもな著書に、『秘境ブータン』（毎日新聞社）、『料理の起源』（日本放送出版協会）、『分類の発想　思考のルールをつくる』（朝日選書）、『花と木の文化史』（岩波新書）などがある。

大学院の研究室では、三時にティータイムとしてみんなでお茶を飲むのが恒例であった。ひと休みしながら雑談を交わすのだが、中尾先生はよく院生部屋にきてこの茶飲み話に加わり、それまでおこなってきたいろいろな調査研究のことを話してくれた。学部からもちあがりの院生たちは、何回も聞かされる話に飽きているらしく、次第に席を立っていく。最後までつきあうのは、他大学から進学してきたわたしだけであった。マナスル、ネパール、ポナペ、大興安嶺《ダーシンアンリン》などの探検の話を、わくわくしながら聞いていた。じつは、このときに聞かされていたさまざまなフィールド調査時のトラブルの乗り越えかたが、その後のわたしの現地調査に非常に役に立った。わたし自身はそれほど海外での現地調査をしているわけではないが、中尾研究室での五年間の「修行」は、ほんとうに有用な〝教材〟であった。

大学院を終えたわたしは、一九七七年四月より農林省（現・農林水産省）の研究員として花の育種の現場に立つことになった。国として、育種素材としての遺伝資源収集が重要な事業だという認識が高まり、海外への遺伝資源調査の予算もつくようになった。まっ先にすすめられたのは、当然、米麦主体の穀物の遺伝資源探索であったが、次いで野菜や果樹が、その次にわたしの研究分野である花卉《かき》が、とりあげられるようになった。

一九八八年一一月に出発となった。計画をねって予算要求書をあげてから、七年が経っていた。

本来は、わたしの上役である室長がリーダーとして行くべき事業だったのに、理解のあるかただった室長は、当時主任研究官であったわたしを推薦してくれた。そこで、探索

花の育種
花を利用する植物の遺伝について研究し、その知識を新しい品種をつくるために使おうとするのが花卉育種学。野生の材料を集めるために、世界各地に出かけていく。

チームのリーダーとして、ネパールでのシャクナゲとユリとの探索が実現したのである。大学院時代からは、数えて一〇年を越える時間がすぎていた。その後、一九八九年一〇月からはチャの育種も手がけるようになり、海外探索はインド、ベトナム、中国、台湾と展開した。かなりの遺伝資源も導入できたし、成果をあげることができたと自負している。

ほかのチームは栽培されている作物の収集が主体なので、現地の試験場などに行くことで容易に任務が達成できるが、わたしの場合は、現地の森林に入り、自生植物のなかから目的の植物を見つけ、その種子なり株なりを、確実に生きた状態で、しかも友好的にもち帰らなくてはならなかった（写真1・2）。当然のことであるが、公務員なので、もらった予算はぴったり使わなくてはいけなかったし、領収書も必ずつけなくてはいけなかった。「苦労」といえるかどうかはわからないが、そこには多くの困難がともなった。しかし、ピンチのときには、中尾式のフィールドワーク術を駆使して切り抜けてきた。

今回、機会をいただいたので、フィールドワークにおいてわたしが心がけている事柄について、紙面の許す範囲でいくつか説明したい（見出しには、中尾先生からの一口メモを使用している）。

写真1　木によじのぼって、シャクナゲの種子採り（ネパール、1988年）

写真2　シャクナゲのジャングルをトレッキングする。下の人物とくらべてみると、木の巨大さがわかる（ネパール、1988年）

1　現地の人から道をたずねられるぐらいになりなさい

　自分が生まれ育ったところとは異なる地域でのフィールドワークに際しては、どれだけ現地に順応するかが重要である。幸い、わたしは日本人とは思われにくいところがあるらしく、ネパールでもインドでもベトナムでも中国でも、街をふらふら歩いていると、現地の人から話しかけられたり、道をたずねられたりすることが多かった。キョロキョロした動作はしないで周囲を観察することにしているからであるし、あまりのよそいきとか、いかにも探検というような服装、身なりはしないし、やたらにカメラを見せびらかしたりはしない、ということである。ネパールでは、「ひいおじいさんがネパール人だ」ということでとおした。その後、国際会議などのパーティーでもそれでとおしているので、海外の知人は、わたしのことを「一六分の一のネパール人」だと信じている（いまでは、わたし自身までそう信じこんでいる）。

　現地の人たちとのちがいが感じられなくなれば、聞きとり調査やたのみごとなどはスムーズにすすむものである。お高くとまらない。必要以上にいばらない。これが、まずいちばん身につけなくてはならないマナーである。

　当然、それぞれの地域での暮らしかた、日常的な習慣にも習熟していなければいけない。

「トイレットペーパーなしで、お尻のあとしまつができますか？」

「歯ブラシなしでも、食後の口をすすげますか？」

「右手だけで食事ができますか？」

「次から次へとくる乾杯のラッシュに耐えられますか？」

「サソリ入りのウィスキーを飲めますか?」
「急に下痢になったとき、クスリがないときには、どうやったらいいですか?」

2 料理——みんなといっしょに、なんでも食べるのだ

現地調査に出かけると、関係機関などに呼ばれて接待されることもあるが、そのこととは別の話。フィールド調査のなかで現地の人たちと食事をするときの注意である。

現地の人たちに招待されたり、家に泊めてもらったりすると、いっしょに食事をすることになる。食事をともにするときには、二とおりの対応しかありえない。「出していただいたものは、全部食べる」「出していただいたものは、ある程度食べたら、すこしのこす」——どちらが相手の人たちにとって合理的なエチケットなのか、その見極めがたいせつである。

食探検家として著名だった西丸震哉《にしまるしんや》氏が伝える話に、芋虫を食べなかったために殺されたフィールド研究者のエピソードがまことしやかに書かれていたのを思いだす。未開民族の調査に出かけた学者が歓迎の祝宴で大きな芋虫をこんがり焼いたものを出されたが、気持ち悪がって食べないでいたら、「自分たちのごちそうを断ったやつは、殺してしまえ」ということで、斬り殺されてしまったという。「おれたちの出したごちそうが食えないのか!」ということである。「共食」の文化を十分に理解していなかったのであろう。

東アジアの諸国にも、このような感覚は多い。ひとつの鍋のものをみんなで食べることである。日本は、すこしはすすんでいるのか〝とり箸〟が用意されていることがあるが、

西丸震哉
一九二三—二〇一二。食生態学者、エッセイスト、探検家、登山家。台湾の山脈、パプアニューギニア、アマゾンの熱帯雨林、アラスカ、南北両極圏など世界の秘境を踏破し、その調査をとおして「食」を通じて人間の行動様式を研究する「食生態学」を確立した。自ら食生態学研究所の所長として「現代社会の異常性に警鐘を鳴らす」著作活動を続けた。

基本的にはそれぞれがねぶったままの箸でひとつの鍋をつつくのである。

韓国での宴席を思いだす。キムチを食べ、そしてひとつの鍋をつつくのだが、キムチをとった箸にべっとりと赤く唐辛子がついたままであったり、べろっとねぶったときのよだれまでついていたりするような気がしていても、みんなかまわず鍋にその箸をつっこんで食べている。白かった鍋のなかは、次第に赤く染まっていく。そんなようすを見ながら、和やかに談笑しつつ食事をするのである。共食の文化の極みであろう。

ただ、この共食の文化も、中国に行ったときにはずされたことがあった。

二〇〇三年におこなわれた杭州《ハンチョウ》でのチャ樹の調査のとき、めったに味わえない郷土料理の「老川《ラオチュアン》料理」につれていってもらったことがあった。あの特別に辛い四川《スーチュアン》料理のなかでも古くからあるさらに辛いもので、トウガラシでまっ赤に染まっている鍋である。鶏肉を入れて煮こんで食べるのだが、いっしょにいた中国人たちはだれも箸をつけない。ニヤニヤしながら、わたしを見つめているのだ。

「しまった、これは、試されている」とわかったが、ここは出されたものはきちんと食べる」というルールを受け入れて、汗まみれになりながら、必死で口に入れた。

そのあと一週間ほど内臓がヒリヒリしていたが、これがきっかけで一目おかれることになり、探索は大成功であった。ヤセ我慢も、ときには必要である。

3 料理は、ほんとうはのこさなければいけないのだ

ベトナム奥地の少数民族の集落・ハザンに泊めてもらったときのことを思いだすと、い

までも胸がきゅんとする。あやういところで恩師のいいつけを思いだして、難を逃れたのである。それは、「料理を食べきってはいけない」ということ。

一九九六年にベトナム最大のチャ樹自生地へ調査に出かけたときのことである。原生のチャ樹林でおおいつくされた山の上に、その集落はあった。中国系の少数民族である。高床式の住居に、何世帯かがいっしょに暮らしている。

広い板敷きの広間には、囲炉裏がふたつ切ってある。ひとつは当主のいるところで、神棚の前であり、一応客間的である。その奥には、調理用の竈《かまど》らしきものがあるのが見えた。反対側の入り口に近いところにもうひとつ囲炉裏が切ってあり、子どもたちが座っていた。外の広い縁台では、大きな鉄鍋に湯がわかされている。鶏が二羽ほど、その湯のなかに浸けられた。しばらくすると、その鍋が部屋のなかの囲炉裏にもってこられて、火にかけられた。いくばくかの野菜などが放りこまれ、ころあいをみて塩が投じられた。そこで、皿とか箸とか椀が配られ、薄く切りわけられた鶏肉を盛りつけた皿がおかれ、酒もつがれだした。夕食がはじまるのである。

神棚の前の囲炉裏には、わたしたち探索チーム五人と、現地の共同研究者ふたり、そして、この家の当主が座って、歓迎の食事がはじまった。この集落にはじめて泊まる外国人だということで、大歓迎されているらしい。

でも、この鍋は鶏を湯引きしたものそのままのようだ。ま、出汁が出ていておいしいかもしれない。鶏肉はちょっと生で血が固まっていないけど、大丈夫だろう。空きっ腹には何でもごちそう……。すこし食べだしたとき、背筋に何か圧力を感じた。

そっとうしろを見ると、子どもたちがもうひとつの囲炉裏のまわりに座って、じっとこちらを見つめていた。ものめずらしそうに見ているのではなく、腹を空かせた浮浪児のような、そんな視線であった。わたしたちの顔を見ているのではなく、わたしたちの話を聞いているわけでもなく、ただひたすら、皿の上の肉を、鍋のなかの野菜を、見ているのである。

恩師・中尾佐助の声が聞こえてきた。院生部屋で聞いた、恩師のむかしの失敗談である。およばれした席で料理を全部食べて、満腹でいい気持ちで帰るとき、恨めしそうに見上げる子どもたちの視線にぞっとしたという話である。

アジアでは、客人や当主たちが食事を先にして、のこりを子どもたちが、そしてそののこりを女たちが食べるのがふつうの習慣なのだという。だから、上の人は下の人のことを思

やっと食事にありつけた、子どもたちの笑顔。この子らのぶんをのこしておかねばならない

ニワトリをゆでた鍋にそのまま野菜を入れて煮こむ

子どもたちが食事をすませると、やっと女性たちも食事をとることができる

わたしたちが食事をしているのをじっと見つめている家族

写真3　ベトナム・ハザンの山奥にて、村長さんの家での食事風景（1996年）

って、全部は食べてしまわない。食事は順ぐりに使いまわされるものなのだ。当然、途中で何もなくなってしまえば、下位のものはその日の食事はなしとなる。

ほかのチームメンバーにもそっと合図をして、料理がだいぶのこっているころあいに、主賓相手の食事会はお開きにしてもらった、当然、「満腹でもう食べきれない。こんなにごちそうしてもらってありがとう」というのであるが。そうすると、さっと鍋や皿が子どもたちのもとへ運ばれ、にぎやかな歓声があがった。多分、お祭りのとき以上にごちそうだったのだろう。一〇羽もいなかった床下のニワトリが二羽もつぶされて、子どもにまわっているのだから（写真3）。

ほかにも、別の意味でのこしたほうがいいときも多い。韓国では「食事は、のこすのがエチケットだ」と、現地の人に教えられた。「食べきれないぐらいにごちそうになりました」というのを態度で表すために、出されたものをのこすのだそうである。これは、食文化の範疇である。

中国でも似たようなことを聞いている。全部食べてしまうのは、「もっと出せ」ということと同じで、催促していることになるのだそうである。

日本でも、京都の人にいわれたことがある。

「最後まで食べきってはいけない。お菓子を出されても、最後のひとつはのこしなさい」では、ひとつしか出されなかったら……それは「食べるな」ということです。

結論として、料理を出されても、それを食べつくしたほうがいいのか、ある程度のこしたほうがいいのか、空気を読まなくてはいけない。食べないからといって殺されるのもいやだし、食べきってしまって恨まれるのもいやだ。細かな観察眼が必要である。

4　現地の人のいうとおりにしなさい

わたしたちの共同研究は、現地共同研究員次第で成果があがるかどうかが決まる。また、行動するうえでの計画は、現地の人の助言にしたがったほうがいい。

「わたしたちに悪さをするつもりでわざわざいろんなことをしかける人はいない。だれもが、わたしたちのためによかれと思っていろいろなことを提案したりしてくれるのだから、現地では現地の人のいうとおりにしていなさい」

これも、恩師の教えである。この教えを忠実に守ったおかげで大成功したのが、ネパールでのフィールドワークであった。

先に述べたように、ネパールでの遺伝資源探索に予算がつき、一九八八年に日本の海外遺伝資源探索のなかで花卉部門では第一号として出かけることになった。しかし、相手国側とのあいだで細かい打ちあわせができていなかったので、出たとこ勝負で出発したという経緯がある。

相手国とはＪＩＣＡ《ジャイカ》の現地事務所のかたがつないでおいてくれたので、カトマンズに着くとすぐに予約していたホテルに荷物をあずけ、大急ぎで日本大使館に挨拶に行き、ついでネパールの農林大臣に会って探索の打ちあわせをした。

それまでに一度も、こちらのプランに対する返事はもらっていなかった。何回か手紙を出していたのだが、皆目返事がなかったので、不安だらけであった。しかし、行ってみる

ＪＩＣＡ
外務省所管の独立行政法人で、正式名称は独立行政法人国際協力機構。二〇〇三年に、前身の国際協力事業団から改組された。政府開発援助（ＯＤＡ）の実施機関のひとつであり、開発途上地域などの経済・社会の発展に寄与し、国際協力の促進をはかることを目的としている。

と、こちらの提案文書はちゃんと届いていて、そのとおりでかまわないし、予定の行動についてはは採集などの便宜もはかってもらえることがわかった。このときのやりとりの二時間ほどは、ほんとうに一生分の英語の能力を使いきってしまった気がするほど緊張しっぱなしであった。

こちらの申し入れとちがっていたことがひとつだけあり、ドキッとした。それは、いっしょに探索に行く現地共同研究員の予算はひとりぶんしか予定していなかったのに、ネパール側の大臣はふたりを予定していたことであった。しかたがない、そのぶんはわたしともうひとりのチームメンバーがポケットマネーでカバーすることにして、相手側の提案を受け入れた。

しばらくして、予定のカウンターパート（現地共同研究員）ふたりが案内されてきた。「中尾方式で現地の人のいうとおりにして正解だった。提案を受け入れてよかった」と喜んだのは、そのときである。ふたりめのカウンターパートは、日本人だったのである。長崎大学薬学部の助手を退職してネパールの薬草園で技術指導をしていた奥田生世さんであった。彼女は、仕事ぶりがすばらしかったので、二年間の任期を終えて帰国するところをネパール政府から懇願されて特別に延長されて研究にはげんでいた、優秀な薬学者であった。特産農作物として重要な薬用サフランから薬効成分のとくに多い系統を見つけることに成功していた。わたしたちの報告書では、現地通訳として扱われている（いかにも現地の人のように思われるよう、英語・カタカナで表記している）。日本語だけの日本人、日本語と英語の日本人、日本語と英語とネパール語の日本人、ネパール語と英語のネパール人というチームができた。

薬草園の研究員ロイさんは陽気なかたで、対談を終わってから園内を案内してくれた（写真4）。玄関横に屋根のほうまで茂らせた蔓草があり、よく見ると花が咲いている。アリストロキアである。種小《しゅしょう》名《めい》をたずねると、ナカオイだという。アリストロキア・ナカオイ――「その学名に使われているナカオイというのは、わたしの学位論文の指導教授の中尾佐助のなまえだ」といったら、「ネパールの植物にはナカオの名前のついたものがたくさんあります」という返事がきた。それからわたしにたいする態度がすこしていねいになった。

園内を歩きながら、知っている花があれば学名でやりとりしていたところ、園長も大臣も知らない学名を知っているえらい学者だと思ってくれたようで、それからの行動ではだいぶたいせつにしてもらえた。

ロイさんをとおしてネパール事情を聞くときには英語を使い、奥田さんには日本語で直接聞くことができる。ロイさんがわたしたちには聞かれたくないような特別なことは、奥田さんがネパール語で聞いてあげ、わたしたちだけでの微妙な事柄についての相談は、日本語で会話する。ロイさんとわたしとのあいだでの公的な話しあいは、奥田さんも交えて英語で……というように、いくつかの会話パターンがとれることで、ふたりめのカウンターパートの加入がこのミッションでは成功の鍵であった。

なにごとも、現地では現地のとおりに受け入れる――そのくらいの

写真4　聖なる山プルチョーキ山頂への調査。左から、ロイさん、小林さん（ユリ担当）、奥田さん、筆者（ネパール、1988年）

写真5　アーボレウムシャクナゲの大木にのぼって調査（ネパール、1988年）

気持ちのゆとりがないと、フィールドワークはできない。また、その土地土地の暮らし、その土地のことば、人びとの気質などへの深い洞察力がないと、多様な情報は得られない。フィールドワークはすべて一期一会、そのときにしかつかめない現実がある。広くて深い受容力こそ、フィールドワーク成功の鍵であろう。すべては人柄、パーソナリティー、ヒューマニティーなのだ。

以上の基本に加えて、じつは実用的な裏技がある。いくつか例にあげると、入出国の際のイミグレーション（パスポートコントロール）や通関（タックスコントロール）をいかにすみやかに通り抜けるか、フィールドワーク中に集めた材料、とくに生の植物などを生かしたままもち運び、いかにして検疫を通すか――プラントハンターの仕事をするうえでのこうした重要な裏技については、また別の機会に述べることができれば幸いである

写真7　野生状態の野菜？　現地名：コリラ。わたしたちは「ニガウリモドキ」と呼んでいた。高地ではこればかり食べさせられた（ネパール、1988年）

写真6　ネパールヒイラギナンテンの黄色い花が美しかった（ネパール、1988年）

山口　聡（やまぐち・さとし）

わたしが野原を駆けまわって植物を集めたのは中学生、牧野植物同好会のころから。研究として野外に出たのは、大学院で系統進化学をテーマとしたとき。一九七一年から修士、博士とサクラソウ属、タンポポ属の系統分類がテーマ。日本中の山を登り、材料を採集、生かしたまま研究室にもどり、圃場《ほじょう》で育てるという、〝プラントハンター〟の見習い稼業に入りこんだ。この間、恩師よりさまざまな裏技を学ぶ。おかげで、就職後の一九八八年、ネパールでの海外探索は大成功だった。

＊　＊　＊

■わたしの研究に衝撃をあたえた一冊『ヒマラヤ・チベット・日本』

著者はＫＪ法の開発で知られている。しかし、基本的には探検家なのである。この本で青海高原の遊牧民が革張りの小舟を駆って、ヒマラヤ東端の大峡谷を下り、インドシナ半島から海岸沿いに北上し日本に到達した仮説を提示している。いまでも国境未確定の奥地。そこを、はるかむかしにサルウィンを下った人びと、水界民族。その軌跡をいつか探検してみたい。地球最後のフィールドワークの現場である。スポンサーがほしい。絶対成功するのに。

川喜田二郎著
白水社
一九八八年

植物考古学からみた栽培イネの起源

――ドリアン・Q・フラー

アジアの多くの地域では、人びとはコメを主食として生活し、その歴史は何千年にもおよぶ。イネは生産性が高く、東アジア、東南アジア、インド亜大陸など世界でも人口密度が高い地域の主食となっている。稲作は、有史以前からの南アジア、東アジアの農業の大きな特徴とされてきた。だが、ここにきて最近の考古学調査による新たな見解から、稲作はいつ、どのように、どんな理由ではじまったのかという新たな疑問が研究者を悩ませることになった。地質学的、進化論的な時間の単位で考えると、イネの登場はごく最近のこととなる。人類が地球上に現れてから数十万年の時がたつが、そのほとんどの期間、人類は狩猟と野生植物の採集によって食料を得ていた。一方、今日の水田と同じくらいに発達した水田が中国の数箇所で使われはじめたのは、わずか六〇〇〇年または六五〇〇年前であり、そこからアジアの大部分にひろまって、まだ四〇〇〇年もたっていない。

そもそも野生のイネを採集していた人類がそれを栽培するようになった時期は、稲作農業がはじまるよりさらに二〇〇〇〜三〇〇〇年さかのぼると思われる。この、採集生活から農耕生活への移り変わりと、初期の稲作がどのように変化し、ひろまったかについて理解することが、稲作文化をもつ社会を対象とした植物考古学調査の目的のひとつである。

1　植物考古学とはなにか？

考古学というのは、発掘によって人類の物質的遺物を回収し、人類の過去の生活などを研究する学問である。陶器や石の道具、もっと新しい金属の道具などの遺物は、むかしの技術がどのようなものだったかを教えてくれるし、保存状態のいい地層から見つかった穴などからは、むかしの住居の形式がわかるだろう。

一方、植物考古学では、古代の堆積物から植物の遺物を回収し、研究室でくわしく調べ、それらの特性を分析する。

ほとんどの植物は――たとえ部分的にであっても――その姿を長期間にわたってとどめておくことはできない。人間や動物に食べられたり、土のなかで分解して循環したりするためである。けれども、焦げたり火の近くにあったりすると、ほぼ炭化して土のなかに長期間のこることもある。

多くの場合、植物考古学の調査は、考古遺跡で発見された炭化種子の遺物（種子遺存体）の研究が中心となる。だが、植物の遺物が空気を遮断された湿った土のなかで保存される場合もある。このように水によって守られた遺物には、葉、柔らかな外皮、モミ殻など、炭化したのではのこらない遺物がふくまれることがある。海面近くまたは海面下の低地の地層の土は水をふくむことが多く、とくに日本、韓国、中国東部でこういった遺跡がよく見られる。

種子やその他の部分の小さな断片は、採集作業のときに堆積物のなかにまぎれてしまう。

そこで植物考古学では、そういった小さなものの回収に適した方法が必要となる。

フローテーション法は、世界のほとんどの地域で使われている方法である。通常、採集されるのは小さな種子とモミ殻なので、網目が〇・二五〜〇・五ミリのふるいを使う。写真1は、中国・河南省の遺跡で考古学科の学生がおこなった、バケツを使った単純な手作業によるフローテーション法である。もっと大きな機械を数多く使えば、大量の土壌を効率よく調べることができる。こうして集めた「浮遊物」を乾燥させ、低倍率の顕微鏡によって、種子と果実の断片とにわける。

しかし、水に浸かっていた遺跡ではフローテーション法は効率が悪いので、ウェットシービング法が使われる。採集したサンプルを顕微鏡をのぞきながら選りわけるのにはぼう

フローテーション法
遺跡の堆積物を水に浸して炭のような軽い物質を浮きあがらせ、それを目の細かなふるいですくいとる方法。

ウェットシービング法
ふるいに土壌サンプルを入れて水のなかで洗うことで細かな粘土や砂をとりのぞく方法。

写真1　河南省の遺跡で考古学科の学生がおこなった、バケツを使った単純な手作業によるフローテーション法

写真2　浙江省の田螺山遺跡で、水に浸かっていた土壌サンプルをウェットシービング法で選りわけている

大な時間がかかるが、フローテーション法で得られる炭化した遺物よりも、多様な植物の部分を採集することができる。前ページ写真2は、浙江省の田螺山《ティエンルオシャン》遺跡（紀元前五〇〇〇～前四二〇〇年ごろ）で日本と中国の合同チームがウェットシービング法をおこなっているところである。この遺跡は、イネの栽培化に関する研究において重要とされている。

　このように、植物考古学のフィールドワークには考古学の発掘作業と重なる部分もあるが、作業の目的は、土の特徴を調べたり、人工遺物を発見したりすることではなく、大量の土壌を集めて採集と分類の作業をすることにある。

　植物のなかには、種子の断片だけでなく、プラント・オパールをのこすものもある。イネは、葉とモミ殻に非常に特徴的なプラント・オパールを形成する数すくない種《しゅ》なので、その特徴を元に、そこにイネがあったことを発見しやすい。

　プラント・オパールは、研究室で遺跡から得られた少量の土壌から化学的な方法で採集される。とても小さい（通常は〇・〇五ミリ以下）ため、観察には高倍率の顕微鏡が

図1　収穫後のイネの加工工程と、それぞれの工程で生じる遺物

必要となる。イネの特定は、微小な遺物とプラント・オパールのどちらからでも可能である。図1は、収穫後の加工工程と、それに応じて出土する植物考古学のサンプルとして回収される可能性のある部位を示している。

本稿では、イネの栽培化および栽培法の発達と多様化、稲作のひろまりという、イネに関する最近の多面的な研究と成果を紹介する。栽培化とは、イネの祖先である野生種が、生産性を高め、人間が手をかけて育てる環境に適応する別な種類の植物に進化する進化の過程のことである。それは、農耕という人間の営みが、時間をかけて「栽培植物」という新しい植物を生んだ例といえる。つまり、栽培化からは、チャールズ・ダーウィンが発見した生物進化と同じ過程が見えてくる。イネは、この過程をわかりやすく示す植物だが、世界のほかの場所で進化した別の作物も、同様の進化をとげたと仮定することができる。

2　稲作の素材——アジアの野生イネ

農耕がはじまるずっとまえから狩猟・採集生活をおくっていた人びとは、イネの祖先である野生種を食べていたはずである。したがって、まずは野生イネがどんな環境で育っていたか、異なる気候に応じてどのような遺伝的なちがいがあったのかを理解したり、野生イネを食料として利用するのにどのような技術が使われていたのかを考えたりする必要がある。

イネの原種は、育つ環境によって二種類にわかれる。毎年決まった季節にモンスーン

プラント・オパール
植物の細胞中または細胞間に形成される二酸化ケイ素（ガラス成分と同じ）のかたまりで、植物の組織が分解したり焼けたりしても、その形をとどめる。

によってできる水たまりや氾濫原で育った一年草（*Oryza nivara*）と、年間をとおして水のたまる場所に育った多年草（*Oryza rufipogon*）である。どちらの種も、インド、東南アジア、中国南部の一部の地域に分布しているが、地形によってはそれ以外の地域にも見られる。一年生の野生種は、インドなどの熱帯モンスーン地域に分布することが多く、多年生は東南アジアと中国南部の河川や湖に分布することが多い。多年生の野生イネは東アジアの栽培種（ジャポニカの亜種）の原種と考えられ、一年生のほうは別の南アジアの種（インディカの亜種）の起源と関連がある。

現在の野生イネの分布は、長い年月のあいだに起きた気候変動と、人間による開拓というふたつの要因がもたらした環境変化の結果である（図2）。つまり、現在の分布は、人類がイネの栽培をはじめた当時の野生イネの分布を反映しているとは限らない。古い気候のデータから、一万～六〇〇〇年前には、平均気温も降水量も現在より高かったことがわかっている。だから、野生イネの分布範囲はいまよりも広く、中国のさらに北部と、インドのさらに西部、南部のあたりまで届いていたと考えられる。また、人間による土地の開拓により、野生イネに適した環境は破壊されていった。湖の周辺や

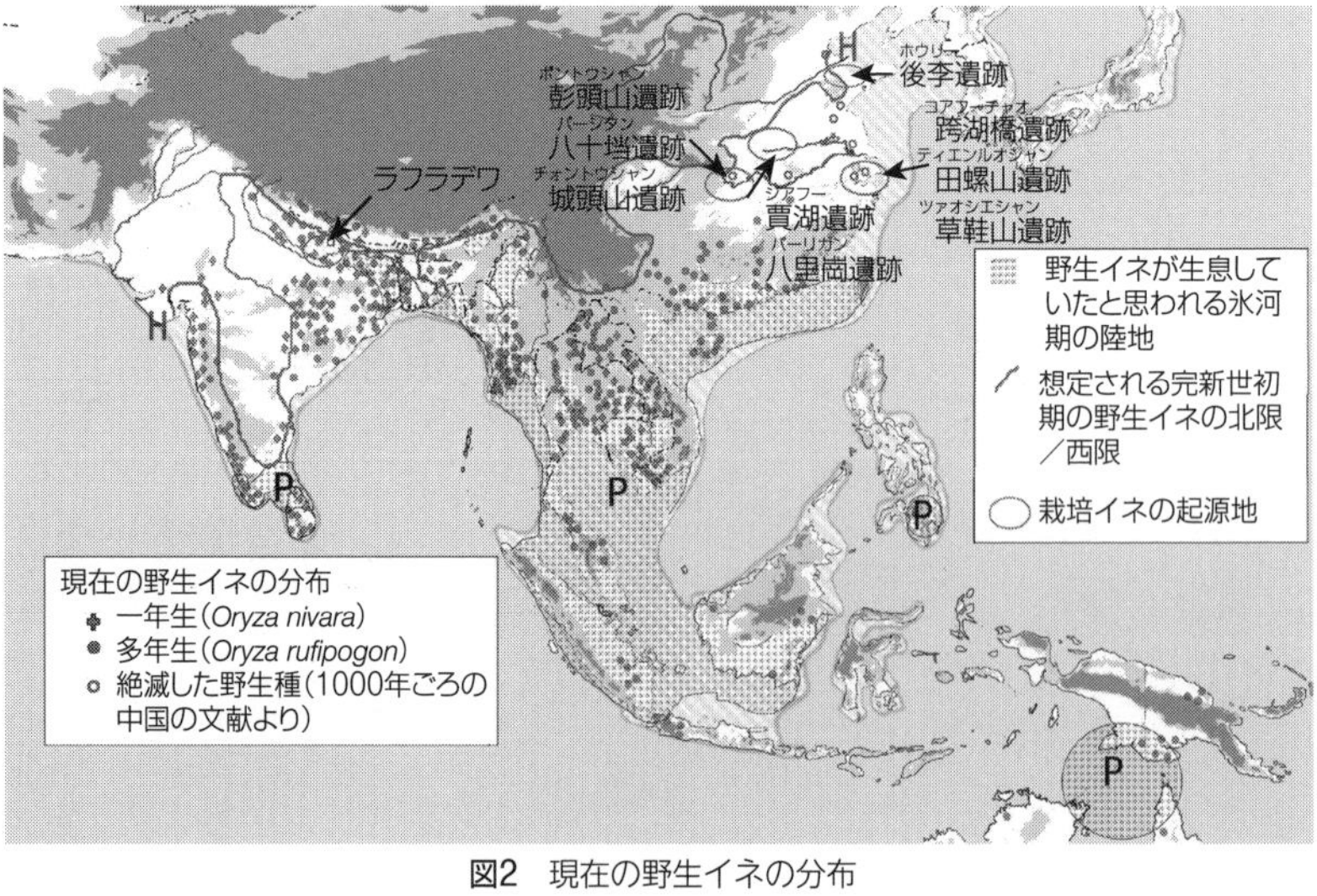

図2　現在の野生イネの分布

河川流域のような場所の多くで、野生イネなどの野生の植物が除去され、耕地がつくられた。中国の古い文献によると、野生イネは、宋朝時代（一〇世紀）までは、たとえば山東省の低湿地で見られるなど、かなり北方まで分布していたという。※ このため、長江の中流から下流にかけてとその北の中国東部は、初期の稲作の遺跡が多く集まる中心地といえる。

※編者註　これは、栽培イネどうしの交雑で生じた雑草イネを誤認した研究者の記述を引用したものと思われる。

3　長江デルタでのイネの栽培化

稲作の起源については、考古学者と遺伝学者が長年にわたって議論してきた。東アジアと東南アジアを研究する考古学者の多くは、稲作のはじまりは中国中南部の長江流域付近で、そこから南のインドシナ、マレーシア、北東の韓国、日本に伝播したという説を長年支持していた。だが、インドをフィールドとする考古学者は、起源はガンジス川流域で、長江流域の民族とは異なる民族が稲作をはじめた証拠があると主張した。どちらの地域に関しても、初期のイネの栽培法と、野生イネの採集に替えて栽培化がおこなわれるようになった時期を判断する最善の方法については、まだ議論が交わされているところである。

考古学的遺物に確たる基準を設けることは、長年の課題のひとつである。だが残念なことに、考古学的証拠の核である炭化した穀物は、それじたいが分析しにくいという特性をもつ。だが、植物考古学では分析方法を改善し、栽培化されたイネの進化に関する新たな見解を示した。それは、モミ殻と小穂軸《しょうすいじく》の接合部位の顕著な変化をたどるという方法である。

耕作のはじまりとは、人間の行動の変化であり、「栽培化」は、その後、植物そのものが〝耕作〟という人間行為に適合する作物として変化をとげることである。（農耕）技術の発達と、イネ植物の新たな環境への適応という進化には、関連性がある。栽培化された穀物のほとんどに見られる顕著な変化のひとつは、それまで自然になされていた種子の拡散（穂＝花序の脱粒または脱落）が、人間の手でおこなわれるようになったことである。これによって、栽培種の繁殖は栽培者の手に委ねられることとなった。たいていの場合、自然にまかせていた拡散（播種《はしゅ》）に人間の手がかかるようになるが、そのぶん収穫量はあがる。

狩猟・採集者は、熟してはずれやすくなった野生イネの小穂を、籠に入れてゆするか、籠のなかにしごいて集めるという方法をとっていたと考えられている。だが農耕民は、収穫に鎌《かま》や小刀を使って、耕作地のイネを効果的に刈ることができた。これは、栽培化によって野生イネの脱粒性を小さくしたために実現した効率化である。遺伝学者の最近の調査によると、この脱粒性の変化はいくつかある突然変異例のひとつで、イネの小穂（モミ殻がついた玄米）が本体の茎からどの時期にどう離脱するかに影響をあたえたという。小穂軸を考古学的に回収すれば、遺物のイネの小穂が、野生イネのように自然に落ちたのか、それとも栽培イネのように人間が脱穀によってはずしたのかが簡単に判別できる。

人間が稲作をはじめ、イネが栽培化をとげると、栽培イネ品種が増え、量のうえで圧倒的に優位となる。本体から離れた小穂軸は非常に

写真3　炭化した小穂軸と1粒のコメの比較。中国・蘇州近郊の草鞋山遺跡で、フローテーション法を使って回収（下部の目盛りは1mm）

小さく（約〇・五ミリ以下）、フローテーション法とウェットシービング法でも、かなりの労力をかけないと検出することができない。だが、こういった方法で実際に作業してみると、より大きく検出が容易な穀粒（写真3）よりも、小穂軸の検出例のほうが多かった。

　最近では、中国の長江下流地域の多くの遺跡でフローテーション法とウェットシービング法による植物考古学の発掘体制が整ったため、小穂軸の検出数が増加した。たとえば、二〇〇四年～二〇〇七年には、田螺山遺跡（浙江省・寧波《ニンボー》付近　写真4）の七〇〇〇～六五〇〇年前の地層から二六〇〇以上の小穂軸が見つかっていて、野生イネから栽培イネへの移行時期を特定するのに役立っている。約六〇〇〇年前の遺跡である、草鞋山《ツァオシエシャン》遺跡（江蘇省）で二〇〇八年におこなわれた調査でも、重要な証拠が見つかっている（写真5）。

　田螺山遺跡の調査では、栽培イネの進化の過程における重要な転換点をとらえることができた。この遺跡の下方の層は六九〇〇～六六〇〇年前までさかのぼるが、ここでは、層が上にいくにしたがって、ふくまれる栽培イネの小穂軸の数の割合が二七%、三六%、三九%と順を追って増加し、野生種と移行種の割合は減少している。つまり、遺物によってイネの栽培化がすすむようすが明らかになったということを示している。

　ここで注意すべきは、この遺跡で発見されたイネの遺物の数は、ド

写真4　2007年の発掘作業後の田螺山遺跡。水によって保存された木造建築の木材と、丸木舟の櫂（右下）が見られる

写真5　2008年の草鞋山遺跡調査。小さな稲田のなかに盛土が見られる。初期のイネ研究における植物考古学的証拠を得るための調査だった

ングリとヒシの外皮の遺物と比べると、まだまだすくないということである。これは、イネ栽培が数百年以上の長い時間をかけて発達し、そのあいだは並行して野生植物の採集もおこなわれていたことを意味する。魚や野生のシカの骨に加え、大量の野生の木の実がのこっていたことから、狩猟・採集・漁撈を主とした生活が営まれていたものと思われる。おそらくその後、時代がくだっていまから六〇〇〇年前ごろになると、農耕とイネの栽培化により木の実の採集をやめて、稲作に力をそそぐようになったのであろう。

この遺跡における初期と後期の遺物の採集から得られるデータの解析によって、イネの栽培化のはじまりと終わりについて、植物の状態や社会のしくみをふくむ栽培化のプロセスの全容が明らかになるはずである。すこし新しい草鞋山遺跡になると、食用植物の多くの割合を栽培イネが占めていることがわかる。ドングリとヒシはまったくなく、小穂軸の過半数（六〇％超え）が栽培イネで、野生イネは二〇％、移行種はほとんどなかったためである。通常は、栽培種が登場しても野生種はのこるため、野生イネがこれだけの割合になることは、けっして不自然ではないであろう。

草鞋山遺跡からは、野生植物が食べられなくなっていく過程もうかがうことができた。田螺山遺跡では、ほとんどの土壌でドングリとヒシの外皮の総量がイネの遺物と同量か多いかだったが、草鞋山遺跡では、野生の木の実は非常にすくなかった。このことから、六〇〇〇年前までに、食生活が、かなりの量の植物採集の形態からコメを中心とする農耕の形態へ変化したことがわかる。

草鞋山遺跡ではまた、中国の初期の稲作がどのような技術を使っておこなわれていたかを示す重要な証拠が見つかった。この遺跡には、小さな水田がのこっていたのである。そこから、約六〇〇〇年前のイネは、痩せた土地を耕した、直径がわずか数メートルの小さな卵形の「水田」で栽培されていたことがわかる（199ページ写真5）。このような水田では水量と土の養分をきちんと管理できたのだろう。栽培化の初期において、こうした管理は重要であった。

4 雑草からみる初期稲作

稲作には、さまざまな方法が考えられる。人工的湿地（水田）、モンスーンの降雨や川の氾濫を利用するいわゆる天水田、熱帯の山岳地でおこなわれている焼畑農業などの例もある。これらのうち、どの方法が最初におこなわれたかという問題については、今後の考古学のフィールドワークで、フローテーション法やウェットシービング法を駆使することによって答えが得られるだろう。また、最近おこなわれている、イネとの関連が深い種《しゅ》（おもに水田雑草）による比較研究も有用である。

イネはそれぞれの栽培方法に適応してきたが、まわりに生える雑草は、通常はその環境への耐性をもった種に限られる。じつは、栽培方法の発達をある程度までうながしたのは、人と雑草との戦いだったともいえる。というのも、多年生の植物は、土を耕してかき混ぜる「耕起」という方法を使えば除去できるからである。川の氾濫を利用していた初期のころには、水に弱い雑草は水によって排除された。また、生育サイクルの途中で栽培地の水をなくすと、今度は湿地由来の雑草が生育しにくくなる。

このように、耕作にともなう雑種の種類を特定すれば、そこでおこなわれていた稲作が明らかになる。稲作の方式と雑草種の関係性は、現代において伝統的な稲作をおこなっている土地にどのような雑草が生えているかを知ることで明らかにされる。それらは、近代農業にはめずらしく除草剤が使われていないか、使われていてもわずかな量に限られている。この研究は、イギリスの植物考古学者たちが、中国、インド、日本の研究者らの協力を得ておこなった。また、タイのチームは、現代の水田で、水量と栽培方式のちがいによって生える雑草の種類がどう変わるかという調査をおこなっている。さらに、それらの水田の土中には微小なプラント・オパール群が存在し、それぞれの環境下でのイネと雑草からなる植物群落の特徴を反映している。

顕微鏡を使ってサンプル中のプラント・オパールの数をかぞえ、多変量解析を用いて比較すれば、遺跡で見つかったプラント・オパールがどの栽培方式で育ったイネのものなのかを判断する手がかりとなる。通常、遺跡から出土するプラント・オパールには、イネと、その環境に適応した雑草のものとがふくまれるからである。

タイのチームは、現代の栽培イネと雑草の研究に加えて、何株かの野生イネの調査もした。これによって、異なる稲作にともなう雑草がどのようなものかを知り、初期の栽培地における稲作のありかたをたしかめることができる。この方法では、野生イネを採集していた時期に加えて、「栽培化以前の稲作」つまり栽培化のまさに開始時期の状態についても知ることができる。

その結果、現代のプラント・オパール群は、野生イネの植生地と栽培イネの植生地とでは異なることがわかった。また、栽培様式（水たまり、洪水になった低地、水かさのある場所）によっても異なっている。これで、イネの生育方法のちがい（野生か栽培か）と栽培

多変量解析
たくさんの性質が関係して決まる「大柄・小柄」のような性質を数量的に表現するための、統計学上の手法。

の様式が、プラント・オパールによって考古学的手段で区別できる可能性が出てきた。

栽培法によってまわりに生える雑草がちがうという調査結果に基づいて、稲作の発達の度合いを探るために、長江下流の各遺跡で回収したプラント・オパールや種子の遺物の研究がおこなわれた。およそ七〇〇〇年前に田螺山でイネ栽培がはじまったときから、雑草の種類は全体的に増えたが、深い水中での多年草は減った。水中での多年草の減少から、初期の稲作において耕作技術が進歩し、水量の入念な管理がおこなわれたことがわかる。だが、五〇〇〇〜四五〇〇年前になると、スゲなどの水中に生える草が再び現れた（ただし、以前とは異なる種もあった）。この水中に生える雑草の復活は、規模の大きい広い水田の登場、灌漑地の拡大、氾濫原の土を掘り返す鋤《すき》の導入に関係している。

最近の進歩した考古学調査では、これまでのように過去の特定の時間と場所にイネがどのように存在したかを記録するにとどまらず、農耕という行為がつくりだしたイネの当時の環境を特定することも可能となった。

5　中国でのイネの栽培化とアジアにおける稲作の伝播

湿地で育つ野生植物のひとつであったイネは、新石器時代の中国で、人工的な湿地を使って人間の保護のもとで育てられるようになった。田螺山遺跡で見つかった遺物から、六六〇〇年前にはイネはまだ栽培化への発達段階にあったことがわかったが、その後、地域個体群において栽培イネが野生イネの数をうわまわるという転換点が訪れた。栽培化のはじまりから転換点までは二〇〇〇年かかったと推測できるが、まだ十分な考古学的証拠が得られていない。

草鞋山遺跡などのより新しい遺跡では、五八〇〇年前までに変化のスピードが落ち、そこで三〇〇〇年近く続いた栽培化が完了したといえる。長江中流の八十垱《バーシタン》遺跡（湖南省）や淮河《わいが》流域の賈湖《ジアフー》遺跡（河南省）などの同時期の遺跡からは、大きな種子をもつイネの栽培が九〇〇〇〜八〇〇〇年前にはじまったと推測できる証拠が見つかった。

小穂軸の形態の変化を追う研究や、周囲の雑草の植生とプラント・オパール群の研究までは、まだ手がつけられていない段階だが、これらの地域においても、イネの栽培化の過程は、地域ごとの事情はあるにせよ基本的には同じだと考えられる。長江下流でわれわれがおこなってきた遺物の回収方法と分析は、多様なイネの栽培化過程の仮説を検証したり、比較をするのに応用できる。

結果として、これらの地域のイネの栽培化が、東アジアの多くの地域での農業人口の爆発的増加をもたらした。その後、水田が各地にひろまり、約四五〇〇年前までには山東省（中国東部）で、三〇〇〇年前までには韓国で見られるようになった。また、二八〇〇年前の日本の弥生時代にも水田が見られた。降水量が比較的多い高地での、灌漑設備を使わない陸稲《りくとう》栽培も発達し、南方にひろがっていった。四〇〇〇年前には東南アジアで陸稲が栽培されるようになる。

6　初期のインディカ米に関する仮定の見直し

中国で初期に見られたイネは、亜種のひとつであるジャポニカの原種だが、もうひとつの重要な亜種であるインディカは、インドに起源をもつ。だが、後者については考古学的にまだ疑問がのこっている。

約八五〇〇年前までには、すでにガンジス川中流域のラフラデワでコメが食べられていたことがわかっている。その後、四五〇〇年前には作物として栽培されていたことも証明された。ほかの遺跡では、その地域で唯一の作物がイネだったという証拠も得られている。最近は、遺伝子の分析から、インディカの形成には、東アジアから導入したイネの品種（ジャポニカの品種）と南アジアの野生種の交配が必要なことが明らかになった。ここから考えられるのは、インドかパキスタンで稲作をしていた人が、すでにイネを栽培化した他地域――おそらくは中国――から物々交換という手段を使ってイネを手に入れ、栽培後にそのイネがすぐれていると気づき、既存の劣った品種と交配したというシナリオである。

最近の遺伝学的研究によって品種の複雑な経歴が明らかにされる一方、考古学的証拠はその交配が起きたおおよその場所と時期を示す。最近の学説では、四〇〇〇年ほど前にパキスタンとインド北西部でジャポニカイネが導入され、地元で未発達のまま栽培されていたイネとの交配がおこなわれたとされている。この時期には、いくつかの中国原産の作物（キビ、アサ、モモ）と、中国にすでにあったものと類似する収穫用の道具が、インドにはじめて現れたというのが、その根拠となっている。この時期以降、イネの栽培の規模は大きくなり、インド北部へとひろく伝播していった。

インドで得られた証拠から、ガンジス川流域で初期に採集されていたイネの大半は、一年生の野生種だったことがわかっている。その量は、たとえば競合する植物を焼きはらうなどして管理されていた。この管理が耕作というかたちに発展したのかもしれないが、その方法は集約的ではなく、栽培種としての多くの特徴をもつにはいたらなかったため、東アジアまたは中国から栽培イネが導入されたと思われる。

こうしてできた栽培種は、周囲の雑草の種類から陸稲だったことがわかっている。陸稲は、モンスーンの降雨をおもに利用したほか、川からあふれた水も水源とするが、大きな洪水で水深が深くなったり灌漑されたりすると育たない。だが、より新しい遺跡からは、約三〇〇〇年前には水田が現れたことがわかった。集約的な栽培で生産をあげる設備が整うと、稲作はインド各地にひろまり、南部のタミル・ナードゥ州からスリランカにも伝播した。南部地域では、イネの生育に必要な降水量を十分に得ることができないが、灌漑設備が導入を可能にしたのである。インド南部とスリランカでは、灌漑用のため池として、土を掘ってダムがつくられたが、これはとくに稲作に使われることが多かった。

7　まとめ

イネは、どの作物よりも高い多様性をもつといえる。その栽培地は、北東アジアの温帯地域（緯度四〇度以北）に見られる管理のいきとどいた灌漑設備のある水田から、熱帯のデルタに見られる深さ数メートルの水中までと多様で、かつ海抜〇メートルから二〇〇〇メートル以上のヒマラヤの一部（ネパールと雲南省）までと、幅がある。こうした幅ひろい環境で栽培されるため、イネには地域ごとに多様な生態型が存在する。生育期の長さ、日照時間の変化への反応、植生地などに応じたちがいだ。植生地によるちがいとしては、深い水中で生育する茎の長さが三メートルを超えるイネから、全長四〇センチの矮性イネまで、さまざまな例があげられる。調理法もまた、インド南西部のケララ州の軽くて平たいパンとパンケーキから、中国南部の細麺であるビーフン、東アジアの米粉でつくった粘り気のある団子（日本の団子）、海苔を巻いたおにぎりと幅がひろい。

植物考古学では、野生の湿地に生える草だったイネが、アジアの非常に変化に富んだ環境や文化において重要な作物となるべく多様化していった歴史を再現するための調査をする。これまで見てきたように、最近の調査からイネの歴史的変遷は多様なことがわかる。たとえば、中国の初期の灌漑を使用するかなり集約的な稲作に対して、南方にひろまった集約的でない天水による稲作というふうに、地域がちがえばまったく異なる傾向が現れることもありうる。インドでは、集約的でない天水による稲作が高度な灌漑設備にじょじょに置きかわることで、降雨のすくない南部でもイネを栽培し、人が住めるようになった。

イネは、栽培植物が人間の文化と相互進化することで多様化していくさまがもっともよくわかる例なのである。

（翻訳・おおつかのりこ）

〈関連書籍（英文）〉

1 Fuller, Dorian Q, Yo-ichiro Sato, Cristina Castillo, Ling Qin, Alison R Weisskopf, Eleanor J. Kingwell-Banham, Jixiang Song, Sung-Mo Ahn, Jacob van Etten (2010) *Consilience of genetics and archaeobotany in the entangled history of rice*. Archaeological and Anthropological Sciences 2: 115-131

2 Fuller, Dorian Q, Ling Qin, Yunfei Zheng, Zhijun Zhao, Xugao Chen, Leo Aoi Hosoya, and Guo-ping Sun (2009) *The Domestication Process and Domestication Rate in Rice: Spikelet bases from the Lower Yangtze*. Science 323: 1607-1610

3 Fuller, Dorian Q, Ling Qin (2009) *Water management and labour in the origins and dispersal of Asian rice*. World Archaeology 41(1): 88-111

4 Fuller, Dorian Q (2011) *Finding Plant Domestication in the Indian Subcontinent*. Current Anthropology 52(S4),

S347-S362 [open access on-line: http://www.jstor.org/stable/10.1086/658900]
5 Nakamura, Shin-ichi (2010) *The origin of rice cultivation in the Lower Yangtze Region, China.* Archaeological and Anthropological Sciences 2: 107-113
6 Sweeney MT, McCouch SR (2007) *The complex history of the domestication of rice.* Annals of Botany 100:951-957 [open access online]
7 Zhao Zhijun (2011) *New Archaeobotanic Data for the Study of the Origins of Agriculture in China.* Current Anthropology 52 (S4): pp. S295-S306 [open access online: http://www.jstor.org/stable/10.1086/659308]

ドリアン・Q・フラー（Dorian Q. Fuller）

学生であったころ、エジプトでの考古学調査に参加して、出土する遺物とともにそこで展開される伝統的な農耕に深い関心を抱いた。これを契機に、農耕の考古学の専門家になる決心をした。やがて、南インド（カレーの国）で本格的な研究をはじめることにしたが、初期農耕における作物については、当時はまだほとんど何も知られていなかったからだ。

*　*　*

■わたしの研究に衝撃をあたえた本

The Living Fields: our agricultural heritage　*The Emergence of Agriculture*

まずあげるのは、植物栽培と植物考古学の著作、ジャック・ハーラン著 *The Living Fields: our agricultural heritage* である。作物栽培に関するきわめて広範な概観と、植物学と考古学の視点からの研究成果がふんだんにもりこまれている。次は、ブルース・スミス著 *The Emergence of Agriculture* である。農耕の起源に関する考古学への格好の手引きといえる。

Jack R. Harlan著
Cambridge University Press
一九九五年

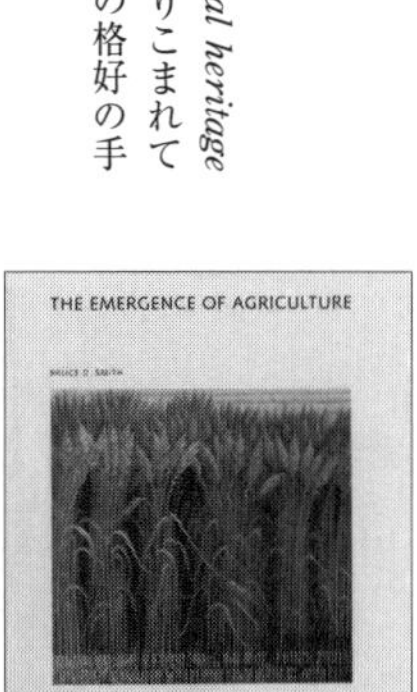

Bruce D. Smith著
Scientific American Library
一九九五年

イネ種子の形状とＤＮＡの分析
その取り組みと問題点

――田中克典

はじめに

わたしたちがふだん日本で食べているコメは温帯型のジャポニカ米《まい》であり、その祖先が中国の長江中下流域にあることは、本書のいずれかの節でふれられていることと思う。日本に伝わったイネがどのようなイネのタイプだったのか――ウルチ米《まい》なのかモチ米《ごめ》なのか、白米なのか赤米《あかまい》なのか、品質は均一であったのか否か、収量はどのくらいあったのか――を明らかにすると、当時の人びとの食生活や嗜好性、また当時の人びとが採用していた農業技術などを知ることができる。さらに、コメが交易を通じて人によって運ばれることを考えると、イネの伝来や日本国内での移動で、人の行き交い、すなわち人口動態を推定することもできる。

これらのことを明らかにするために、わたしは遺跡から出土したイネの種子について、その形状やＤＮＡを分析してきた。ここでは、遺跡から出土したモミ（籾《もみ》）をふくむイネの種子の形状やＤＮＡを研究するうえで、わたしがおこなってきた方法や、研究においていまだ解決できていない問題点について紹介する。

1　種子を入手する

遺跡から出土したイネの種子は黒く変色しており、やわらかくてもろい。それらの特徴は、おおよそ燃やされた印象をうける。ゆえに、遺跡から出土したイネの種子は、「炭化米」と呼ばれている。ただし、ほんとうに燃えたかどうかは定かではないので、わたしは、遺跡から出土したイネの種子を「イネの種子遺存体」と呼んでいる。この種子遺存体は、遺跡において、住居の跡、壺のなか、あるいは溝で出土する。とくに竈《かまど》の跡の床面から多く出土するので、人が調理の際に種子が床にこぼれたことが容易に想像される。

これらの種子はまた、土壌に埋没していることも多い（写真1）。

発掘では、土壌を上面から薄くはがすようにていねいにとりのぞきながら、そこに貼りついている内容物を自分の目で確認する。イネや木材など黒い遺存体を見つけると、それらをふくむ土壌を採集してくる。

次に、土壌から種子をとりだす。先述したように、イネの種子はやわらかくてもろい。土壌にふくまれているほかの種子や木材も同様だ。種子は、複数の細胞で構成されている。生物の教科書をのぞいてもらうとわかるのだが、その細胞内は水分で満たされている。

ところが、種子遺存体ではその水がなくなり、なかに空洞ができる。

写真1　遺跡から出土した、さまざまなサイズおよび破壊度合いのイネ

もろさの要因のひとつは、ここにあるのではないかと思う。

種子遺存体は空気をふくんでいるので、水に浮く。この特性を利用して土壌から種子をとりだす方法は、「ウォータフローテーション法」と呼ばれている。ようするに、土壌を水に浸して、土壌を割りつつ、浮いてくる種子を網ですくう方法だ。

ただし、水分の多い土壌から出たものは、種子遺存体の内部も水で満たされているため、浮いてこないことも多い。土壌をいったん乾燥させて、先述の方法で種子をとりだしてもいいのだが、乾燥の過程で種子が劣化したり割れたりする可能性がある。この場合には、土壌をバケツに入れた水に浸して、割りながら、ゆっくりとかき混ぜて溶かす。その後、土壌を溶かした水を二・〇ミリ目、一・〇ミリ目、〇・五ミリ目のふるいにとおすことで、ふるいの目以上の大きさの種子遺存体がひっかかる。あとは、この種子を回収して、水を入れた容器に保管しておく。この方法は「ウェットシービング法」と呼ばれている（写真2）。

こうして、土壌から種子遺存体をとりだす。当然ながら、どの方法を使ったとしても、イネの種子遺存体のほかにもさまざまな種子が収集できる——たとえば、比較的水が停滞している場所で生育する水生植物の種子も収集することができる。

水田遺跡の土壌からこれらの種子が収集されると、その種子は、「遺跡には水が満たされており、水田として利用されていた」ことを補償する情報となる。ゆえに、遺跡の土壌から種子を回収することは、その場所の環境や利用を知るうえで重要な作業である。

写真2　「ウェットシービング法」によって、土壌から遺物をとりだす

ただ、自分で土壌を採集して種子を回収するだけでは、対応できる遺跡の数に限りがある。また、発掘した遺跡の土壌にイネの種子遺存体がふくまれていればいいのだが、そこは運まかせだ。

そこで、効率的にイネの種子遺存体を集める方法として、発掘報告書をたよりにする。遺跡の発掘は各地方自治体や大学によっておこなわれており、発掘後には報告書が出版される。報告書には、その遺跡で出土した遺物が掲載されているので、イネの種子遺存体が出土しているかどうかをかんたんに参照することができる。自治体によっては出土遺物をホームページで公開しているので、それらも参照する。イネの種子遺存体の出土が確認できたら、自治体に問いあわせて分析の許可をいただき、試料を拝借する。出土状況は、分析結果に基づいて考察するうえで――とくに、その遺跡における生活で、イネが重要な食料であったかどうかを検討するうえで――重要な情報となるので、必ず収集することにしている。できれば遺跡に赴《おもむ》いてどこから出土したかを確認できればいいのだが、報告書が出版されるころにはすで発掘が終了しているため、多くの場合、報告書を読んだり、当時の発掘担当者にうかがうことになる。

イネの種子遺存体は、博物館にも展示収蔵されている。なかでも大阪府立弥生文化博物館には、佐藤敏也先生が日本各地の遺跡から収集したイネの種子遺存体が収蔵されており、その収蔵点数と、およんでいる時代の長さから、国内最大のコレクションである。このコレクションは、先生ご自身が論文や本で分析結果とともに紹介しているとともに、現在、総合地球環境学研究所と弘前大学人文学部が、データベースを構築して公開の準備をすすめている。

2　種子の形を見る

こうして回収されたイネの種子遺存体は、だいたいは目視でイネの種子遺存体と判断できる（種子が半分に割れていることもあるが、あまりにも破損しているものでないかぎり、同定することは可能だ）。ただし、イネのモミや、種子遺存体およびモミの破片、さらには土器の内側に付着している黒い炭化物からイネと判断することは、むずかしくなる。

これを解決する方法は後述するとして、収集したイネの種子遺存体は、デジタル撮影したあと、写真のうえで長さ、幅、厚みを計測する。

種子の形状分析では、長さと幅の比（粒型《りゅうけい》）および積（粒大《りゅうだい》）を求め、遺跡内の各層で、遺跡内で、遺跡間で比較する。あるいは、現代のイネとそれらの数値を比較する。こうすることではじめて、収集してきた試料の特徴を明らかにすることができる。

比較のための試料またはその情報を、対照区ならびにバックデータと呼んでいるが、これらは結果を導くうえで重要な情報である。研究者はこれらの情報をある程度所有しておく必要があり、日頃の収集が欠かせない。バックデータは、研究者あるいは試料を提供した機関の財産である。

土壌のある層から収集された複数のイネの種子遺存体において、粒型や粒大が揃っていれば、その層の時代のイネは、栽培環境やイネがもっていた素質が均質であったか、脱穀後に種子を選別して利用していた――いずれにせよ、人手によってイネがかなり管理されていた――と考えられる。数値がばらついていれば、その逆が考えられる。

ただし、ここで問題点が生じる。現代の市販のコメや、モミつきのコメを手で剥いたものを観察してもらえばわかるのだが、どんな場合でも長さや幅には多少のちがいがあるものだ。いきわたる栄養のちがいによるのか、ひとつの穂についたものですら、一粒、一粒の数値には、ちがいがある。また、コメを炭化させて種子遺存体と外見が似た炭化米をつくりだすことができるのだが、炭化米においては、長さや幅は元のそれらと比べていくぶん小さくなり、ばらつきが大きくなる。

種子遺存体にも同じ状況が生じているのかどうか定かでないが、長さや幅がばらついているといった形態の評価に基づいて、いちがいに上述の結論を導きだすだけでは、危険なのかもしれない。

3　種子のＤＮＡを見る

一方、ＤＮＡ分析技術の発展とともに、ＤＮＡを解読して種子遺存体を評価する方法が採用されつつある。遺物へのＤＮＡ分析は、一九九〇年代にはじまった。以来、遺体や遺物を同定および評価するためにさまざまな場面で利用されてきている。

一九九〇年代にはじまった
スイスの山中で見つかった、アイスマンと呼ばれる人間の遺体への適用が最初である。遺体や胃の内容物からDNAを抽出して、それらの配列を解読したことで、その遺体が現代のどの人類にもっとも近いか、またその人が何を食べていたのかといったことが明らかになった。

DNAとは

実際の評価の方法に入るまえに、ＤＮＡについてすこし説明しておこう。高校の生物を履修されたかたがたは、これから説明することをご存じのことと思うが、しばしおつきあい願いたい。

ＤＮＡの構成単位は、アデニン（Ａ）、グアニン（Ｇ）、シトシン（Ｃ）とチミン（Ｔ）と呼ばれる塩基のいずれかひとつ（化学物質）、デオキシリボースと呼ばれる糖およびリン酸をひとつの単位としている（この単位を、ヌクレオチドと呼んでいる）。ＤＮＡは、このヌクレオチドがいくつも連なって一本の鎖となり、さらにこの鎖の塩基はもう一本の鎖にある塩基と化学結合する。その結合の組みあわせは決まっており、アデニンとチミン、グアニンとシトシンとなる。二本の鎖は塩基を介して結合し、ねじれて、らせん状の構造をとる。この構造は、二重らせん構造と呼ばれている。ＤＮＡの表記では、便宜上、片側鎖の塩基の部分のみをとりだして表記するので、先のＡＧＣＴのアルファベットが並んだ状態で表記される。この並びを、ＤＮＡ配列と呼んでいる。ＤＮＡ分析では、この配列の並びを調べる（「解読」する）。

DNAを見る部分

ＤＮＡ配列には、そのＤＮＡをもつ生物の生存にとって欠くことのできない領域がある。ＤＮＡ配列を元に「転写」と「翻訳」と呼ばれる過程を経てアミノ酸となり、いずれはタンパク質や酵素となってはたらく部分である。この領域を、わたしたちは「遺伝子」と呼んでいる。つまり、遺伝子もＤＮＡ配列なのである。

一方、遺伝子と遺伝子のあいだのＤＮＡ配列――いわゆる遺伝子間領域――は、生物の生存にとってあまり重要ではない部分なので、配列が変わってもなんら支障はないとされている。そして、その変わった配列をふくむＤＮＡは、そのまま子や孫へと受け継がれる。つまり、ここではＤＮＡ配列の変異が遺伝する。その遺伝しているあいだにも、配列は変異をうけて変わっていく。そうすると、ある生物間で、ある部分の遺伝子間領域の配列を見比べてみると、ずいぶんちがってくることになる。このちがいはそのまま、その種《しゅ》を特定する情報となる。

余談だが、遺伝子領域のＤＮＡ配列も、生物種間あるいは種内で変わってくる。とくに、人間によって選ばれた家畜や作物は、改良前後で変わった形態や特性（「形質」と呼ぶ）に起因する遺伝子において、ＤＮＡ配列の一部が異なる。動物の家畜化や作物の栽培化の研究は、これらの形質やＤＮＡ配列を、改良前後に関わった生物種間――具体的には、野生種と栽培種――で比較することですすめられている。

ただ、遺伝子領域の配列変異はその生物の生存に大きな影響をおよぼし、時として死に直結するため、ＤＮＡ配列の変異は、圧倒的に遺伝子間領域で遺伝されやすい。ゆえに、遺伝子間領域におけるＤＮＡ配列の変異は、種間および種内においてもっともちがいを見出しやすい領域であり、わたしも、ＤＮＡ分析の際によくこれらの部分のＤＮＡ配列を解読している。

分析に先立つ分析

形状分析の説明（213ページ）で対照区についてふれたが、ＤＮＡ分析でも、対照区やバックデータが必要となる。それは、現代の植物から得ることになる。

イネという種の場合、大きくわけると、タイ米に代表されるインディカと、コシヒカリに代表されるジャポニカの、ふたつの種類がある。このうちジャポニカの栽培地域は、中国、東南アジア、西アジア、欧州と、かなり広範囲にわたっている。また、栽培環境は水田のみならず、陸の畑にまでおよんでいる。

ジャポニカは、ずいぶん長い時間を要して中国から欧州までひろがっていった。そのあいだにも植え継がれ、DNA配列に変異が起こり、それが蓄積されている。日本において古くから栽培されてきたイネ——在来種と呼ぶ——のあいだでも、DNA配列にはちがいがある。だから、まずはどのDNA配列にちがいがあり、これらの配列のちがいに基づいて、イネはいくつのタイプにわかれ、さらにどのタイプがどの地域で栽培されているのかを特定しておく。その後、イネの種子遺存体のDNA配列を解読し、現代のジャポニカと配列を比べて、どの地域のタイプに相当するのかを検討することになる。

また、ふたつの地域間のイネ種子遺存体を調べる場合には、複数箇所のDNA配列について解読後に比べてみる。もしすべての配列が同じであれば、これらのイネは近縁であることが判断できる。

この結果は、イネが一方の地域から直接あるいはどこかを経由して他方にもち運びがあったことを推察するための情報ともなる。であるので、日本国内でのイネの移動を述べたい場合には国内の在来種について、海外から日本へのイネの伝来を述べたいのであれば、日本をふくむ海外——とくにアジア大陸、朝鮮半島——の在来種について、DNA配列のちがいを明らかにしておく必要がある。この作業はかなりたいへんである。

バックデータが揃ったところでようやく、イネ種子遺存体のDNAをとりだす作業——「DNA抽出」——に一歩近づく。

分析にはらう注意点

ＤＮＡ抽出は、種子を粉状にし、液体を加えてＤＮＡを溶出してとりだすという行程をとる。種子遺存体のＤＮＡは経年による断片化と分解をうけているため、ごく微量しか残存していない。このため、ＤＮＡ配列のちがいがある領域を目視するために、あるいはＤＮＡが抽出されたかどうかを確認する意味もこめて、先述したＤＮＡ配列にちがいがある部分を増幅するＰＣＲ増幅法が利用される。

ＰＣＲ増幅法は現代の植物では一度おこなえばすむが、種子遺存体のＤＮＡ分析では、一度ＰＣＲ増幅をした液体を用いて、再度ＰＣＲ増幅をおこなわなければ目視できるようにならない。手間や時間をかけるとそれだけ、空気中を飛んでいる花粉や、人の手に付着しているほかのＤＮＡをふくんだ遺物が混ざり、これがＰＣＲ増幅法によって増幅される可能性が高くなる。その誤りをなくすことが種子遺存体のＤＮＡ分析においてもっとも重要なので、異物が実験中にＤＮＡ溶液へ混入しないよう、種子遺存体の分析は、人や空気の出入りを限った隔離部屋で実施される（写真3）。

こうしてＰＣＲ増幅された種子遺存体のＤＮＡ配列を、機械で解読してバックデータと比較すれば、分析が完了する。

種子遺存体のＤＮＡ分析の結果は、各種子をタイプとして表すので、タイプ間の比較によって、ある試料におけるイネがすべて同じタイプなのか、その試料がどの地域のイネと同じなのか、現代のイネとの類縁関係があるのか

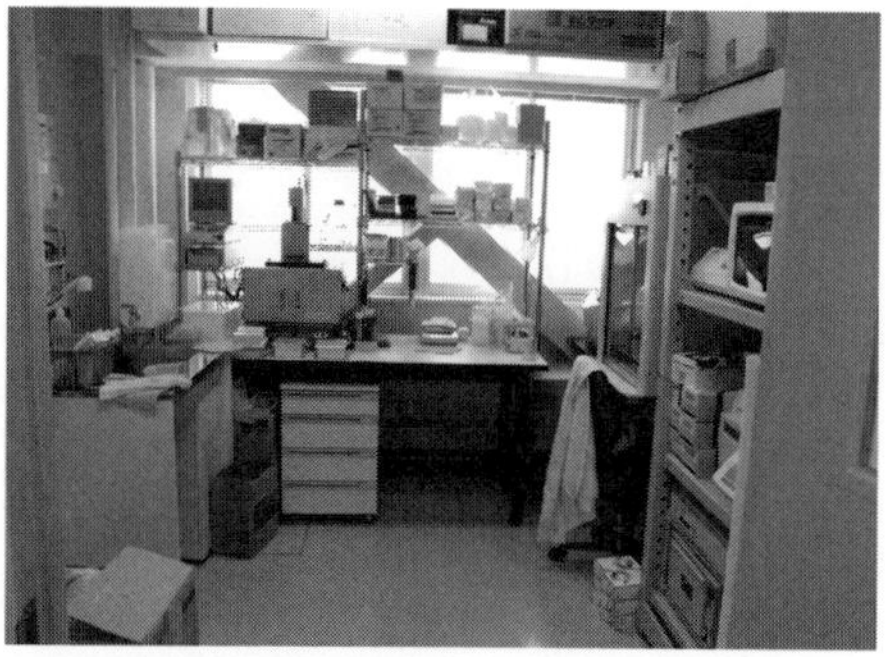

写真3　考古DNA専用の部屋（1人用）

――などを明示してくれる。また、品質に関わる遺伝子について調べることで、種子遺存体がモチ米なのか赤米なのかといったことも明らかにできる。これらの情報は、その時代の人びとの食生活を検討するうえで重要なものである。

なお、ＤＮＡ抽出をおこなうと、対象となった種子遺存体を完全に破壊することになる。なので、わたしはかならず、試料をお借りする機関にあらかじめ不可逆完全破壊であることを伝え、分析の許可をいただくようにしている。

今後の課題

種子遺存体のＤＮＡ分析は非常にすぐれた手法だが、いまだ解決できていない問題点もいくつかある。

先述したが、まず、種子遺存体のＤＮＡは、経年によって劣化および断片化していることがあげられる。分析の標的としているＤＮＡ配列が一部破壊されていたり失われていると、ＰＣＲ増幅によってＤＮＡを増幅することができない。一〇粒の種子遺存体から各ＤＮＡを抽出したとして、ＤＮＡが増幅される試料の数は、**いいときで半分ほどである**。標的としているＤＮＡがなんらかの原因で失われていて、すべての試料においてＤＮＡが増幅されないことも、多々ある。わたしは、投入した試料の量に対して得られる結果のすくなさに、いまだに悩まされている。

また、ＤＮＡ分析の結果と形態分析の結果とのあいだに、ときとして齟齬《そご》が出る場合がある。

滋賀県の下之郷《しものごう》遺跡で、ウリ科の作物の果実遺存体が出土したことがあった。果皮は茶

いいときで半分ほどである
この成績は、細胞質のDNA配列をPCR増幅の対象にしている場合である。生物の細胞には、核のDNAと細胞質のDNAがある。ひとつの細胞において、前者は一セット、後者は五〇〇～一万セットほど存在する。細胞質DNAのセット数が多いので、種子遺存体において細胞質DNAの配列が増幅される可能性は、核DNAよりも高くなる。ゆえに、試料間のDNA配列のちがいが核DNAでも細胞質DNAでもわかるのなら、分析には細胞質DNAが先んじて利用されている。

色くて厚く、のこりがいいので、出土状況や周辺遺跡の同時期の出土物などをかんがみて、当初はヒョウタンだろうと考えていた。ところが、細胞質のＤＮＡ配列を三か所ほど分析してみると、すべてマクワウリやシロウリに相当する配列であった。なにかのまちがいか、遺存体のＤＮＡ抽出中に別のＤＮＡが混入したのであろうと思い、別の分析者にも別の場所で分析をおこなってもらったところ、二か所の配列は先のメロン仲間に相当していた。結局、報告書には、「形態分析ではヒョウタン、ＤＮＡ分析ではメロンの仲間に相当する」と、あと味の悪い結果を記載してしまい、分析を委託していただいた担当者にひどくご迷惑をおかけした。

この果実遺存体の分析手法は、いまだに検討しているところである。ただ、この分析を通じて改めて形態分析とＤＮＡ分析の結果をすりあわせることの重要性を痛感し、勉強をさせていただいた。

おわりに

イネの種子遺存体についての形態分析とＤＮＡ分析には、ここではあまり紹介できなかったバックデータの蓄積など、まだ課題が山積している。ただ、近年、ＤＮＡの分析技術がすすんできたことで、イネの栽培に重要な形質、収量および品質に関連する遺伝子とそのＤＮＡ配列が、次々に公開されてきている。これらの遺伝子のＤＮＡ配列を種子遺存体で解読していけば、当時の人びとがどのような視点をもってイネを選んでいたのか、選ばれたイネは現代のイネとのあいだに類縁関係があるのかどうか——を明らかにできる日も近いであろう。

また、ここではおもにイネについてふれてきたが、遺跡では、コムギ、オオムギ（二条、六条）、マメ類、メロンの仲間、ナスの仲間といった作物も出土している。とりわけ、北東北や北海道南部における弥生時代以前の遺跡では、イネの出土がすくないのにたいして、ヒエ、キビ、コムギやオオムギなどの穀物が出土している。これらの地域の農業、食生活を検討するため、研究者によって分析がすすめられているので、注視いただけたら幸いである。

最後に、ＤＮＡ分析は遺跡から発掘された動植物が何者であるかを情報としてとりだすために、古来の人びとがどのような視点で作物を選んでいたのかを解明するために、最も強力な助っ人の一人であることを述べておく。

＊　＊　＊

田中克典（たなか・かつのり）

一九七六年九月二五日生まれ。博士（農学）。岡山大学大学院を卒業後、総合地球環境学研究所を経て弘前大学人文学人文学部特任助教に着任。専門は植物遺伝学。マクワウリとシロウリの起源地を訪ねてインド東部のミゾラム州に訪問した調査が海外での最初のフィールドワーク。その後、メロン仲間をふくむ食物の利用を調べるために、ラオス、中国雲南省南部、カザフスタン、オーストラリア北部へ渡航。国内の考古学的資試料の調査にもたずさわる。

■わたしの研究に衝撃をあたえた一冊『私の個人主義』

本の内容は、漱石の講演の書きおこしである。研究者として歩むうえで、自分を見て、まわりを見ること、初志貫徹することなど、研究者として、人間としてどうあるべきなのかを考えさせてもらった一冊であった。

夏目漱石著
講談社学術文庫
一九七八年

あとがき

赤坂憲雄

一〇年足らず前であったか、佐藤洋一郎さんに案内していただいてラオスを訪ねたことがあった。そのとき、野生イネと焼畑というテーマにしたがって、いくつかのフィールドを歩いたことが、今回の対談においてはたいせつな伏線となっている。佐藤さんのフィールドワークのほんの一端を垣間見させてもらったというだけのことではあるが、わたしにとってははじめての海外調査ということもあり、強く印象に焼きつけられる体験となった。それについては、対談のなかでくりかえし語っているので、ここで触れることはしない。

イネの歴史を探る、というテーマはむろん、瑞穂の国の民俗学者としてはかぎりなく関心をそそられるものである。とはいえ、わたし自身はむしろ、そうした稲作一元論的な、柳田国男以来の民俗学にたいして批判の眼差しを差し向けてきた。蔭では「異端の民俗学者」と名指されてもいるらしい。わたしの東北におけるフィールドワークはだから、もっぱら稲作以前としての、焼畑や狩猟・漁労・採集のフォークロアの掘り起こしをめざすものとなった。その意味では、わたしがラオスで目撃することになった野生イネと焼畑のある風景は、幾重にも暗示に満ちたものでありえたのである。

思えば、イネの起源や歴史もまた、一筋縄では捕捉しがたいテーマである。たとえば、野生イネから栽培イネへと変容を遂げてゆくプロセスのなかの、いったいどこに起源を認めるか。農学、遺伝学、考古学、民族学、民俗学などがそれぞれに、このテーマに挑んではきたが、たやすく決着がつけられるはずはない。佐藤さんの専門はとりあえず不明ということにしておこう。名づけがたき存在なのである。研究のステージが、種子からDNAに移行する過渡期をくぐり抜けながら、固定した学問の方法に縛られることの危うさを身をもって体験してきたがゆえではなかったか。

ともあれ、この巻には、イネの起源や歴史をめぐって、第一線の研究者たちがそれぞれにフィールドからの報告をおこなっている。いずれも興味深いものだ。わたしはなかでも、ドリアン・Q・フラーさんの「植物考古学からみた栽培イネの起源」という論考に刺激を受けた。なにより植物考古学という、考古学のフィールドからの応答であることにそそられる。イネはどうやら、ほかのどの作物よりも高い多様性を持っているらしい。フラーさんはこう書いている、すなわち、植物考古学では「野生の湿地に生える草だったイネが、アジアの非常に変化に富んだ環境や文化において重要な作物となるべく多様化していった歴史を再現するための調査」をする、と。

イネというのは、まさに人間そして社会・文化との相互交渉のなかで、地域ごとの進化や展開を遂げながら多様化してきた栽培植物なのである。そうであればこそ、農学／遺伝学／考古学といった、多様なフィールドの知や方法がともに手を携えることによって、はじめて解き明かすことが可能なテーマというべきなのだろう。この巻では、そうした異なるフィールドの知がはからずも邂逅を果たす姿が、随所に見いだされるにちがいない。

■編者紹介

佐藤洋一郎（さとう・よういちろう）

一九八一年に故・岡彦一博士を頼って台湾を訪れ野生イネと出会って以来、東南アジア各地でイネ遺伝資源の調査をしてきた。一九八三年から故・森島啓子博士の調査隊に所属、一九八七年からは文科省の研究費で調査隊を組織、その後もアジア、欧州などで、文理融合の観点から、イネとともに稲作文化、米食などの観点からの調査を続けている。最近はアフロユーラシアにおける「人類生業史」の研究のため、モンゴル、スーダンなどにも足を伸ばしている。

■わたしの研究に衝撃をあたえた一冊……どんなに事前に準備しようと

事前にどんなに準備しようと予定通りにことが運ばないのがフィールドワーク。飛行機のキャンセルなどは日常茶飯。どこに何があるか事前に知れないのがあたりまえ。わかっているなら出かけてゆく必要などない。そんなわけで何もかもがゆきあたりばったり。でも、それはわたしの生き方とぴったり。感動した本は渡部忠世『稲の道』（ＮＨＫブックス）などいくつもあるが、「わたしの研究者人生を決めた決定的な一冊」のようなものはなかったように思う。

＊　＊

赤坂憲雄（あかさか・のりお）

わたしはとても中途半端なフィールドワーカーだ。そもそも、どこで訓練を受けたわけでもない。学生のころから、小さな旅はくりかえしていたが、調査といったものとは無縁であった。三十代のなかば、柳田国男論の連載のために、柳田にゆかりの深い土地を訪ねる旅をはじめた。それから数年後に、東京から東北へと拠点を移し、聞き書きのための野辺歩きへと踏み出すことになった。おじいちゃん・おばあちゃんの人生を分けてもらう旅であったか、と思う。

■わたしの研究に衝撃をあたえた一冊『忘れられた日本人』

一冊だけあげるのは不可能だが、無理にであれば、宮本常一の『忘れられた日本人』だろうか。宮本の〈あるく・みる・きく〉ための旅は独特なもので、真似などできるはずもなく、ただ憧れとコンプレックスをいだくばかりだった。民俗学のフィールドは、いわば消滅とひきかえに発見されたようなものであり、民俗の研究者たちはどこかで、みずからが生まれてくるのが遅かったことを呪わしく感じている。民俗学はつねに黄昏を生きてきたのかもしれない。

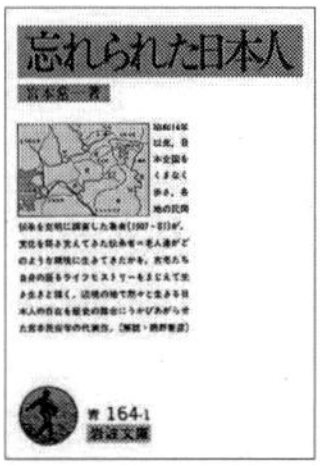

宮本常一著
岩波文庫
一九八四年（未來社、一九六〇年）

フィールド科学《かがく》の入口《いりぐち》

イネの歴史《れきし》を探《さぐ》る

2013年10月25日　初版第1刷発行

編　者———佐藤洋一郎　赤坂憲雄

発行者———小原芳明

発行所———玉川大学出版部

〒194-8610　東京都町田市玉川学園6-1-1
TEL 042-739-8935　FAX 042-739-8940
http://www.tamagawa.jp/up/
振替：00180-7-26665
編集　森　貴志

印刷・製本——モリモト印刷株式会社

ISBN978-4-472-18201-3 C0061 / NDC616

装画：菅沼満子
装丁：オーノリュウスケ（Factory701 ）
編集・制作：本作り空Sola

玉川大学出版部の本

フィールドワーク教育入門
コミュニケーション力の育成

原尻英樹

自身のフィールドワーク教育の実践例にもとづき、計画からレポート執筆までの展開のしかたなど、教育効果を上げる方策を解説。フィールドワークの手引き書としても最適。

A5判・並製　176頁　本体1800円

ぼくの世界博物誌
人間の文化・動物たちの文化

日高敏隆

生きものそれぞれに文化があり、生きるための戦略がある。動物行動学者が世界各地を巡り、出会った不思議や心動かされた暮らしの風景を、ナチュラル・ヒストリーの視点から綴る。

四六判・並製　232頁　本体1400円

ニホンミツバチの社会をさぐる

吉田忠晴

原種の性質を多く残すニホンミツバチの興味深い特徴を、多数の写真とともにわかりやすく語る。生態から飼育法、生産物、農作物栽培への応用まで、ニホンミツバチの世界への入門書。

四六判・並製　144頁　本体1500円

ニホンミツバチの飼育法と生態

吉田忠晴

ニホンミツバチを趣味として飼う愛好家必携。年間を通じた管理方法や、可動巣枠式巣箱であるＡＹ巣箱を使った飼育で明らかになった形態・生理、行動・生態をくわしく解説する。

A5判・並製　136頁　本体2000円

＊表示価格は税別です